Python 数据结构与算法

蔡顺达　翁正秋　主　编
王新刚　李　叶　副主编

北京理工大学出版社
BEIJING INSTITUTE OF TECHNOLOGY PRESS

内 容 简 介

本书是一本专为计算机科学学习者编写的教材，采用 Python 语言详细介绍了数据结构与算法的基础知识、核心概念和实际应用。本书内容丰富，包括线性数据结构、树、图、排序、搜索等经典主题，并通过实际案例分析，展示了算法在解决现实问题中的应用。书中每个章节都配有习题和实训任务，旨在培养学生的编程实践能力和解决复杂问题的能力。此外，书中还提供了课外拓展资源，鼓励学生深入探索和实践，以适应不断变化的技术需求。

本书适合希望深入理解数据结构和算法的读者阅读，无论是计算机科学相关专业的学生还是自学者，都可以通过本书提高解决复杂问题的能力。

图书在版编目（CIP）数据

Python 数据结构与算法 / 蔡顺达，翁正秋主编.

北京：北京理工大学出版社，2024.6.

ISBN 978-7-5763-4179-9

Ⅰ. TP311.561

中国国家版本馆 CIP 数据核字第 2024LF8109 号

责任编辑：钟　博　　文案编辑：钟　博
责任校对：刘亚男　　责任印制：施胜娟

出版发行 / 北京理工大学出版社有限责任公司
社　　址 / 北京市丰台区四合庄路 6 号
邮　　编 / 100070
电　　话 / （010）68914026（教材售后服务热线）
　　　　　（010）68944437（课件资源服务热线）
网　　址 / http://www.bitpress.com.cn

版 印 次 / 2024 年 6 月第 1 版第 1 次印刷
印　　刷 / 唐山富达印务有限公司
开　　本 / 787 mm×1092 mm　1/16
印　　张 / 13
字　　数 / 290 千字
定　　价 / 69.00 元

图书出现印装质量问题，请拨打售后服务热线，负责调换

前 言

本书通过 Python 语言全面而系统地介绍了从基础线性数据结构到复杂树形和图形结构，以及各种经典算法的理论与实践。通过实际案例分析、丰富的习题和实训任务，本书旨在培养学生的编程实践能力、逻辑思维和算法设计技能，为他们未来在技术领域的深入学习和职业发展奠定坚实的基础。

本书的特色是采用案例驱动法，将理论与实践紧密结合，通过丰富的实例和图解，提高可读性和实用性。本书中的实训任务不仅覆盖了数据结构与算法的基础知识，还扩展至解决实际问题的程序设计，能够有效提升学生的学习兴趣和解决问题的能力。本书辅以在线可视化工具和互动式学习资源，旨在为计算机科学专业学生提供一条深入浅出的学习路径，确保学生能够在实践中掌握并应用这些核心概念，为未来的技术挑战打下坚实的基础。

作为计算机相关专业的基础课程教材，学时安排建议参考"内容与学时安排表"。

内容与学时安排表

序号	内容	建议学时
1	第 1 章　数据结构与算法绪论	2
2	第 2 章　算法复杂度分析	4
3	第 3 章　线性数据结构	8
4	第 4 章　树	6
5	第 5 章　图	6
6	第 6 章　搜索算法	8
7	第 7 章　排序算法	8
8	合计	42

本书中的每个章节都配有对应小结、习题和实训任务，以帮助学生巩固知识点，并通过实践加深理解。课外拓展部分提供了更多的学习资源和实践机会，鼓励学生探索数据结构与算法的更多变种和应用。

本书由温州职业技术学院大数据技术专业国家级职业教育教师教学创新团队与温州众成科技有限公司、温州图盛控股集团有限公司组织策划，由蔡顺达、翁正秋担任主编，由王新刚、李叶担任副主编。其中，第1、2章由翁正秋编写；第3~7章由蔡顺达编写；案例和实训任务由李叶参与编写；实验部分由王新刚参与编写；全书由蔡顺达统稿，并由李叶和施莉莉进行校核与审稿。此外，参与编写工作的还有邵剑集、谢悦、池万乐、于柿林、穆文浩、韦兴林等。

本书的编写得到温州职业技术学院教改项目（项目编号：WZYYFFP2023008、WZYYFFP2023002）以及浙江省高职院校"十四五"首批重点教材建设立项项目《关于公布浙江省高职院校"十四五"首批重点教材建设项目评选结果的通知》（浙高教学会〔2023〕2号）立项支持，在此表示衷心的感谢。

为了方便教师教学，本书开发了一系列配套电子资源，包括课程教学大纲、教学课件、实训指导书、习题答案、配套代码等。有需要的教师可以登录北京理工大学出版社网站免费注册后进行下载。

本书所有代码均在 Python 3.7 中测试通过，书中代码运行的 IDE 为 PyCharm，它由著名的 JetBrains 公司开发，带有一整套可以帮助用户在进行 Python 语言开发时提高效率的工具，例如调试、语法高亮、Project 管理、代码跳转、智能提示、自动完成、单元测试、版本控制等功能，故推荐使用 PyCharm 作为教学工具。

教材建设是一项系统工程，需要在实践中不断加以完善及改进，同时由于时间仓促、编者水平有限，书中难免存在疏漏和不足之处，敬请同行专家和广大读者给予批评和指正。

编　者

目录

第 1 章

数据结构与算法绪论

本章学习目标

本章的学习目标是深化对算法和数据结构基础概念的理解，使学习者能够掌握算法的定义、特性及其在日常生活中的应用实例；认识数据结构的重要性，了解其定义、组成，并学习如何根据程序需求设计合适的数据结构。此外，本章强调了数据结构与算法之间的密切关系及其在提升算法效率和性能方面的作用。本章将学习目标扩展到探索数据结构与算法在计算机科学和软件工程中的广泛应用，培养学习者使用相关工具解决实际问题的能力。

学习要点

√ 算法基础
√ 数据结构的定义与组成
√ 数据结构设计原则
√ 数据结构与算法的关系

1.1 算 法

1.1.1 生活中的算法

"算法"一词可能使人自然地联想到复杂的数据公式和计算过程。然而，现实中的许多算法并不一定涉及复杂的数学知识，而仅是一些简单的逻辑原理，这些逻辑原理在日常生活中是非常常见的，甚至已经融入人们的生活经验。因此，算法不仅是数学领域的一个重要概念，也与人们的日常生活密切相关。

例子 1：整理麻将牌

在每一局麻将前，为了使麻将牌更容易阅读和使用，都要进行理牌，目的是使麻将牌从小到大排列，理牌的一般步骤如下。

（1）初始化手牌。初始时，有一堆未排序的麻将牌，通常是 13 或 14 张。随机选择一张麻将牌作为初始化手牌。这时可以认为初始化手牌是已排序的部分。

（2）从未排序的牌堆中选择一张麻将牌。

（3）将选定的麻将牌与已排序的麻将牌比较。将所选的麻将牌与已排序部分的麻将牌从左到右逐一比较，直到找到适当的插入位置，如图 1.1 所示。

（4）插入选定的麻将牌。一旦找到适当的插入位置，就将所选的麻将牌插入已排序部分中的正确位置。这可能需要将已排序部分的麻将牌向右移动，以腾出插入位置。

（5）重复步骤（1）~（4）。重复选择未排序部分中的下一张麻将牌，并将其插入已排序的部分，直到所有麻将牌都被插入已排序的部分。

图 1.1　麻将理牌过程

麻将理牌通过逐步比较和插入麻将牌来创建有序的手牌。类似麻将理牌，在日常生活中人们在处理一些小批量数据时，经常会采用类似思路，其过程与本质是"插入排序算法"。

例子 2：查阅英文字典

英文字典是按照 26 个英文字母的顺序从前往后顺序排列的，假设需要从一本英文字典中找到"Peace"这个单词，比较快速的一种方法如下。

（1）选择一个中间位置。找到字典的中间部分，查看中间部分的单词。

（2）比较。将要查找的单词与中间部分的单词进行比较。这可以是字母级别的比较，例如字母的字典顺序。

（3）确定查找的方向。根据比较的结果，确定查找的方向。如果所查单词较"小"，则在中间部分单词的左侧继续查找；如果所查单词较"大"，则在中间部分单词的右侧继续查找。

（4）缩小查找范围。根据所选择的查找方向，将查找范围缩小到剩余部分的一半。

（5）重复步骤（1）~（4）。重复执行步骤（1）~（4），直到找到所需的单词或者确定它不在英文字典中。每次都选择新的中间位置，比较并缩小查找范围。

上述过程通过反复将查找范围缩小一半，逐步定位目标单词。这种查找方式在查找英文字典中的单词时非常有效。这个看似普通的逻辑，实际就是算法中非常著名的"二分查找算法"，该算法特别适用于有序数据集，因为它能够在每次比较后消除一半的选项，从而迅速定位所需的信息。从数据结构的角度，可以把英文字典视为一个已排序的数组。

日常生活中类似的例子比比皆是，例如在行李装箱、找零钱、规划路线时所采用的思路就是所谓"贪心算法"。这些例子说明算法已经在不知不觉中成为日常生活中不可或缺的一部分，并影响人们的日常决策和体验。日常生活中小到烹饪一道菜，大到航空航天，几乎所有问题的解决都离不开算法。本书所介绍的就是如何通过编程把现实中的信息转化为数据结构，并设计和编写算法来处理数据结构，从而把日常生活中的问题转化为计算机问题，以更高效的方式解决各种复杂问题。

1.1.2　算法的定义

算法（algorithm）是一组明确定义的有限步骤，用于解决特定问题或执行特定任务。算法具有以下特性。

（1）输入：算法必须有零个或多个输入。

（2）输出：算法必须有一个或多个输出。

（3）有穷性：算法必须在执行有限次后终止。

（4）确定性：算法的每一步操作必须有确定的含义，不能出现二义性。

（5）可行性：算法的每一步操作都必须是可行的，即能够通过执行有限次完成。

算法是一种抽象的计算概念，它在计算机科学和数学领域被广泛应用，用于解决各种问题——从简单的数学运算到复杂的数据处理和决策问题。算法的目标通常是高效地解决问题，以节省时间和资源。

1.2　数据结构

1.2.1　数据结构的定义

在日常生活中，如果对各种各样的事物（例如书、衣服、手机等）进行数字化存储、处理和管理，那么仅使用基本的数据类型（例如整数型、浮点数型、字符串）无法完整地进行数据描述，因此需要用到数据结构。

数据结构（data structure）是一种组织和存储数据的方式，它定义了数据元素之间的关系、操作和访问规则。数据结构通常用于在计算机程序中存储、管理和操作数据。常见的数据结构有数组、链表、栈、队列、树等。

在数据结构的学习中，需要掌握以下基本概念和术语。

（1）数据：描述客观事物的符号，是计算机中可以操作的对象，是能被计算机识别，并输入计算机处理的符号集合。

（2）数据元素：数据的基本单位，通常作为一个整体进行考虑和处理。例如，一本书中的每一页就是一个数据元素。

（3）数据项：一个数据元素可以由若干个数据项组成，每个数据项表示数据元素的一个属性或特征。

（4）数据结构：数据元素之间的关系，以及对数据元素进行操作的方法和规则。

（5）存储结构：数据在计算机中的存储方式，包括顺序存储和链式存储等。

1.2.2 数据结构的设计原则

数据结构的选择和设计取决于应用程序的需求和性能要求。不同的数据结构可以用于不同类型的数据操作，例如搜索、插入、删除、排序等。了解和正确选择适当的数据结构对于编写高效的程序至关重要。设计数据结构所追求的目标如下。

（1）空间最优：所设计的数据结构尽可能占用最少的空间，以节省计算机内存。

（2）时间最优：数据的操作，特别是基本的 CRUD（添加、读取、更新、删除）操作，应该尽可能快速。

（3）简洁清晰：数据结构应该提供紧凑、清晰、简洁的数据表达和逻辑关系，以使算法具有较高的运行效率。

在实际应用过程中，数据结构设计是一个博弈的过程，经常需要在时间和空间上进行权衡取舍，即如果想在某一方面获得性能提升，则往往需要在另一方面作出妥协。

1.3 数据结构与算法的关系

数据结构与算法是密不可分的，数据结构为算法提供了结构化数据的基础，而算法则是对数据的处理和操作。

数据结构与算法的关系如图 1.2 所示。

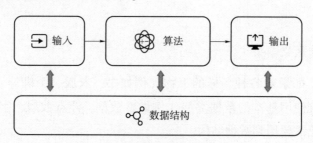

图 1.2 数据结构与算法的关系

数据结构与算法的关系主要表现在以下方面。

（1）数据结构为算法提供了结构化数据的基础。数据结构中定义了数据的结构化存储，为算法提供了数据的组织、存储和访问方式。

（2）算法定义了操作数据的过程。数据结构本身只存储数据信息，需要结合算法才能执行特定任务或解决特定问题。

（3）选择合适的数据结构可以提高算法的效率，而高效的算法可以提高数据结构的应用效果。

为了更好地描述数据结构与算法的密切关系，下面通过一个例子进行说明。

在图书馆的书架上查找一本图书，书架上的图书可以看作数据，而查找图书的方式可以看作算法。

（1）数据结构：图书的排列方式和分类系统是一种数据结构。这种数据结构的设计决

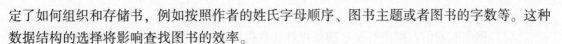

定了如何组织和存储书，例如按照作者的姓氏字母顺序、图书主题或者图书的字数等。这种数据结构的选择将影响查找图书的效率。

（2）算法：在书架上查找一本特定的图书需要执行一个算法。例如，如果图书按照作者的姓氏字母顺序排列，可以先使用二分查找算法，从书架的中间开始检查，然后根据找到的作者的姓氏在左侧部分或右侧部分继续查找，重复这个过程，直到找到目标图书。这个算法的设计和执行方式将影响查找图书所需的时间。

这个例子很好地说明了数据结构与算法的关系。合理选择数据结构并使用适当的算法可以提高数据的存储和检索效率。在计算机科学中，选择正确的数据结构和算法对于解决问题的效率和性能至关重要。

1.4 数据结构与算法的应用

数据结构与算法在计算机科学和软件工程中有广泛的应用，它们是构建高效和功能强大的软件系统的关键元素。数据结构与算法的常见应用领域如下。

（1）搜索和查找：数据结构（如哈希表、二叉搜索树）以及算法（如二分查找和线性搜索）用于在大型数据集中查找特定元素。

（2）排序：排序算法，如快速排序、归并排序和冒泡排序，用于将数据按升序或降序排列，以便快速检索和处理。

（3）图算法：图数据结构和相关算法用于解决许多问题，如网络路由问题、社交网络分析问题、最短路径和流问题等。

（4）字符串处理：字符串匹配算法，如 KMP 算法、正则表达式匹配等，用于文本搜索、模式匹配和字符串操作。

（5）数据库管理：数据结构和算法在数据库系统中用于索引、查询优化和事务管理。

（6）人工智能和机器学习：数据结构如向量和矩阵，以及各种优化算法，用于训练和部署机器学习模型。

（7）图形学：数据结构和算法用于实时渲染、三维建模、图像处理和动画设计。

（8）操作系统：操作系统内核使用各种数据结构和调度算法来管理进程、文件系统、内存和资源分配。

（9）编译器：编译器使用数据结构（如符号表、抽象语法树）和算法（如递归下降分析）来分析和转换源代码。

（10）加密和安全性：密码学算法、哈希函数和数据结构用于数据加密、数字签名和安全通信。

（11）模拟：数据结构和算法用于模拟现实世界中的系统，如天气模型、交通模型和生态系统模型。

（12）游戏开发：游戏引擎使用数据结构与算法来进行物理模拟、碰撞检测、路径规划和渲染。

（13）大数据处理：数据结构与算法用于处理和分析大规模数据集，如分布式存储、

MapReduce 等。

（14）网络和通信：路由算法、协议设计和数据压缩算法用于构建互联网和通信系统。

以上仅是数据结构与算法应用领域的一部分。数据结构与算法在计算机科学的各个领域都扮演着关键的角色，帮助人们解决复杂的问题，提高系统性能和效率。深入理解和熟练应用数据结构与算法对于计算机科学和软件工程领域的从业者至关重要。

1.5 小结与习题

1.5.1 小结

本章介绍了数据结构和算法的基础概念，为后续学习提供了重要的背景信息。本章的要点如下。

（1）算法的定义：算法是一组明确定义的操作步骤，用于执行特定任务或解决特定问题。它是操作数据的过程。

（2）数据结构的定义：数据结构是一种用于组织和存储数据的方式，它定义了数据元素之间的关系，以及访问和操作数据的方式。

（3）数据结构与算法的关系：数据结构为算法提供了数据的组织和存储方式，合适的数据结构可以影响算法的效率和性能。算法通常需要操作数据，因此算法的设计依赖于所使用的数据结构。

（4）数据结构与算法的应用：数据结构与算法在计算机科学和编程中具有广泛的应用，包括搜索、排序、图算法、数据库管理等各种领域。

了解数据结构与算法的基本概念对于编写高效的程序和分析解决复杂问题至关重要。这些基础知识将为进一步深入研究数据结构与算法奠定坚实的基础。值得说明的是，数据结构与算法不依赖任何编程语言，本书后续所提供的实现都是基于 Python 的，但是不代表仅能用 Python 实现。

1.5.2 习题

1. 解释数据结构与算法的关系。为什么选择合适的数据结构对于算法的性能至关重要？

2. 数据结构与算法在计算机科学中的应用非常广泛。请查阅资料并列举数据结构与算法在实际应用中的一个具体案例，并说明它们是如何改善系统性能的。

第 2 章

算法复杂度分析

本章学习目标

本章的学习目标是培养学生对算法复杂度的深刻理解，使其能够熟练掌握时间复杂度和空间复杂度的基本概念及其重要性。学生将学会使用大 O 表示法来分析和比较不同算法的效率，并通过实际案例（如搜索引擎的实现）来应用这些算法。此外，本章强调了对算法在最好、最坏和平均情况下进行性能评估的能力，以及根据时间和空间效率选择或设计算法的优化意识。

学习要点

√ 算法的定义
√ 复杂度的重要性
√ 时间复杂度
√ 空间复杂度
√ 复杂度的最好、最坏和平均情况

2.1 案例：一个简单的搜索引擎

搜索引擎已经成为人们日常生活中必不可少的工具之一，本节以一个简单的搜索引擎为例，介绍搜索算法的实现及其时间复杂度的分析。

2.1.1 案例描述

假设开发一个简单的搜索引擎，需要实现一个搜索函数，该函数能够在一堆文本中找到指定的关键词并返回相关信息。最朴素的方法就是从文本的第一个字符开始，逐个比较，直到找到目标字符串或者到达文本的结尾。本案例介绍一个简单的字符串搜索算法：暴力匹配算法（brute-force algorithm）。

2.1.2 案例实现

本案例实现代码如下。

```python
def search(text, word):
    """在 text 中搜索 word,返回第一次出现的位置,若未找到则返回-1"""
    # 分别获取待搜索文本(主串)text 和目标字符串 word 的字符长度
    n, m = len(text), len(word)
    # 从主串第一个字符开始匹配,即下标 0 开始。n-m+1 之后剩余的字符长度小于目标字符串长度 m,因此不用处理
    for i in range(n - m + 1):
        j = 0
        while j < m:
            # 依次对比目标字符串的每个字符
            if text[i + j] ! = word[j]:
                # 只要有一个字符不匹配,剩余的字符就无须匹配
                break
            j += 1
        if j == m:
            # j == m 成立,表示当前 i 开始的字符能正常匹配目标字符串,直接返回
            return i
    # 若未匹配到字符串,则返回-1
    return -1


"""Test Code"""
if __name__ == '__main__':
    # 待搜索文本
    search_text = "The most difficult thing is the decision to act, the rest is merely tenacity. "
    # 目标单词
    target_word = "decision"
    # 查找目标单词在搜索文本中的位置
    index = search(search_text, target_word)
    if index == -1:
        print(f"目标单词 {target_word} 不在对应文本中")
    else:
        print(f"目标单词 {target_word} 在对应文本中的第 {index}个字符位置")
```

本案例使用了暴力匹配算法。暴力匹配算法又称为朴素字符串匹配算法(naive string matching algorithm),是一种简单直接的字符串匹配算法,也是最朴素的字符串匹配算法之一。

该算法的基本思路是,从主串(文本)的第一个字符开始,与模式串(目标字符串)的第一个字符进行匹配,如果匹配成功,则继续比较下一个字符,直到匹配失败或者找到完全匹配的子串为止。如果匹配失败,则从主串的下一个字符开始,再次与模式串的第一个字

符进行匹配，依此类推。字符串暴力匹配过程如图 2.1 所示。

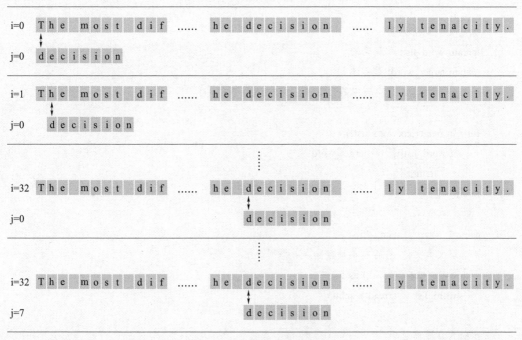

图 2.1　字符串暴力匹配过程

由于该算法是一个暴力的搜索算法，所以其时间复杂度比较高。具体来说，如果文本长度为 n，目标字符串长度为 m，那么最坏情况下需要比较 $n \times m + 1$ 次，时间复杂度为 $O(nm)$。在实际应用中，该算法的效率远低于其他高效的字符串匹配算法，如 KMP 算法、Boyer-Moore 算法等。

暴力匹配算法是一种简单、易懂的字符串匹配算法，适用于小规模数据的字符串搜索。但是，由于其时间复杂度较高，所以在处理大规模数据时需要使用更高效的字符串匹配算法。

【进阶思考】

假设在一个文本文件中查找某个单词，文件大小为 n 个单词。如果对待查找文本进行文本处理，借助简单的数据结构与算法，应该如何实现代码？以下是一种可供参考的解决方案。

首先，可以将文本文件中的所有单词存储在一个列表中，然后通过遍历列表来查找目标单词。具体流程如下。

（1）读取文本文件，将所有单词存储在一个列表中。

（2）输入目标单词。

（3）遍历列表，逐个比较列表中的单词和目标单词是否相同。

（4）如果找到目标单词，则输出其在列表中的位置；否则，输出"未找到"。

对应实现参考代码如下。

```python
def sequential_search(word_list, target_word):
    """
    顺序查找算法实现
    :param word_list: 单词列表
    :param target_word: 目标单词
    :return: 目标单词在列表中的位置,如果未找到则返回-1
    """
    for i in range(len(word_list)):
        if word_list[i] == target_word:
            return i
    return -1


if __name__ == '__main__':
    # 读取文本文件,将所有单词存储在一个列表中
    with open('test. txt', 'r') as f:
        word_list = f. read(). split()

    # 输入目标单词
    target_word = input('请输入目标单词:')

    # 遍历列表,逐个比较列表中的单词和目标单词是否相同
    position = sequential_search(word_list, target_word)

    # 如果找到目标单词,则输出其在列表中的位置;否则,输出"未找到"
    if position != -1:
        print(f'目标单词"{target_word}"在文本文件中的位置为{position}')
    else:
        print(f'未找到目标单词"{target_word}"')
```

请思考：如果要优化搜索算法，以提高搜索效率，应该如何做？

2.2 算法复杂度的概念

2.2.1 算法

算法是指解决问题的一系列清晰而有限的指令，用于将初始输入转化为所需输出。通俗地说，算法就是一种用来解决问题的方法，它是对问题求解步骤的一种规范描述，是一种精细的思考过程，通过执行算法可以得到期望的结果。

在计算机科学中，算法是一种旨在通过计算机程序来解决计算问题的方法和技术。算法通常由一组步骤和对每个步骤的清晰定义组成，这些步骤依照一定的顺序执行，以得到所需

的结果。算法是计算机科学的核心和基础，是许多计算机应用领域的基础。

算法复杂度

在解决实际问题时，进行算法的设计或者选择通常会依次追求两个层次的目标。

（1）确保有解：算法应该在问题给定的输入范围内确保得到正确的输出。

（2）寻找最优解：解决问题的方法通常不是唯一的，因此能够找到算法效率更高的算法。

需要特别注意的是，这里所追求的算法效率指的是算法所消耗的资源的数量，包含如下两类。

（1）时间：算法执行所需的时间。

（2）空间：算法执行所需的内存空间。

换句话说，在进行算法设计时，所追求的目标是"又快又省"。

因此，在分析算法复杂度时，也可以将其分为时间复杂度和空间复杂度两种。通常使用大 O 表示法（big O notation）。大 O 表示法给出了最坏情况下的算法复杂度，它可以帮助比较不同算法的效率，以及预测算法在不同数据规模下的执行时间。

例如，一个算法的时间复杂度为 $O(n)$，其中 n 表示输入规模。这意味着，当输入规模为 n 时，算法的执行时间与 n 成正比。如果输入规模增加了 10 倍，那么算法的执行时间也会增加 10 倍。

在接下来的章节中，将逐渐展示如何使用大 O 表示法分析算法的时间复杂度和空间复杂度，并介绍如何设计时间和空间复杂度较小的算法。

算法复杂度的重要性

算法复杂度是衡量算法性能的关键指标，对于解决问题的效率和可扩展性至关重要，能够帮助人们在大规模数据和计算资源下做出明智的选择。假设现在需要对 10 000 000 个整数进行排序。现有如下两种排序解决方案。

（1）使用每秒执行 10 亿条指令的计算机 A（1 GHz），与一个排序 n 个整数大约需要执行 $2n^2$ 条指令的算法，那么其排序执行时间大约为

$$执行时间 = \frac{总指令数}{每秒执行指令数} = \frac{2 \times (10^7)^2 \text{ 条指令}}{10^9 \text{ 条指令/秒}} \approx 200\,000 \text{ 秒} \approx 55 \text{ 小时}$$

（2）使用每秒执行 1 亿条指令的计算机 B（100 MHz），与一个排序 n 个整数大约需要执行 $50n\lg n$ 条指令的算法，那么其排序执行时间大约为

$$执行时间 = \frac{总指令数}{每秒执行指令数} = \frac{50 \times 10^7 \times \lg 10^7 \text{ 条指令}}{10^8 \text{ 条指令/秒}} = 35 \text{ 秒}$$

对比两个排序解决方案，虽然方案（1）使用计算性能更好的计算机，但是由于其所选择的算法的执行指令数（即算法复杂度）与待排整数集合的规模成平方关系，当待排整数集合规模特别大时，其执行时间的表现比方案（2）差很多。由此可见算法复杂度在算法设计或者算法选择中的重要性，特别是在大规模数据场景下其重要性尤为突出。

2.3 时间复杂度的分析方法

2.3.1 时间复杂度的概念

时间复杂度是衡量算法执行效率的指标,用于描述算法运行时间随着数据规模增长而增长的速度。

时间复杂度通常用大 O 表示法来表示,即 $O(f(n))$。在计算时间复杂度时,并不是真正计算某个算法或程序的运行时间,通常忽略常数、低阶和系数,考虑当数据规模增大时的算法运行时间增长趋势,因此时间复杂度可以简化为 $O(n)$ 形式。

以下是常见的时间复杂度。

(1)常数阶 $O(1)$:算法的运行时间不随输入规模的增长而变化。

(2)线性阶 $O(n)$:算法的运行时间随输入规模的增长呈线性增长。

(3)对数阶 $O(\log n)$:算法的运行时间随输入规模的增长呈对数增长。

(4)平方阶 $O(n^2)$:算法的运行时间随输入规模的增长呈平方增长。

(5)指数阶 $O(2^n)$:算法的运行时间随输入规模的增长呈指数增长。

其中,$f(n)$ 是随着输入规模 n 的增长而增长的最慢速度。

2.3.2 时间复杂度的作用

时间复杂度分析的目的是找到算法的瓶颈,以便进行优化。时间复杂度可以帮助人们评估算法的效率,并且可以用于比较不同算法的效率。在实际开发中,通常需要选择时间复杂度较低的算法来解决问题,以提高程序的执行效率。

2.3.3 时间复杂度的分析方法

时间复杂度的分析方法包括以下几个步骤。

(1)找出算法中的基本操作,例如循环、条件语句、赋值语句等。

(2)计算每个基本操作的执行次数。

(3)将每个基本操作的执行次数乘以其所需的时间复杂度,得到所有基本操作的时间复杂度之和。

(4)对时间复杂度之和进行简化,得到算法的时间复杂度。

2.3.4 常见的时间复杂度示例

以下是一些常见的时间复杂度示例。

(1)$O(1)$:执行次数不随输入规模的变化而变化,例如访问数组中的元素、执行简单的赋值语句等。示例代码如下。

```
def first_element(lst):
    return lst[0]
```

该函数只需要常数级别的时间，无论输入列表的长度如何，它的执行时间都是不变的。

（2）$O(n)$：执行次数随输入规模成线性关系，例如遍历数组、查找最大值等。示例代码如下。

```
def linear_search(lst, val):
    for i in range(len(lst)):
        if lst[i] == val:
            return i
    return −1
```

该函数遍历整个列表并在列表中搜索指定值，它的执行时间与输入列表的长度成正比。

（3）$O(\log n)$：执行次数随输入规模以对数的形式变化，例如二分查找算法。示例代码如下。

```
def binary_search(lst, val):
    left, right = 0, len(lst)−1
    while left <= right:
        mid = (left + right) // 2
        if lst[mid] == val:
            return mid
        elif lst[mid] < val:
            left = mid + 1
        else:
            right = mid − 1
    return −1
```

该函数实现了二分查找算法，它在有序列表中搜索指定值，每次查找都将搜索范围缩小一半，因此它的执行时间与输入列表长度的对数成正比。

（4）$O(n^2)$：执行次数随输入规模的平方变化，例如插入排序算法、冒泡排序算法。示例代码如下。

```
def bubble_sort(lst):
    n = len(lst)
    for i in range(n):
        for j in range(n−i−1):
            if lst[j] > lst[j+1]:
                lst[j], lst[j+1] = lst[j+1], lst[j]
    return lst
```

该函数实现了冒泡排序算法，它需要两层循环来比较并交换列表中的元素，它的执行时间与输入列表长度的平方成正比。

（5）$O(2^n)$：执行次数随输入规模呈指数级变化，例如求解旅行商问题的暴力算法、斐波那契算法的递归解法。示例代码如下。

```
def fib(n):
    if n < 2:
        return n
    return fib(n-1) + fib(n-2)
```

该函数用于计算斐波那契数列的第 n 项，使用了递归的方式实现。由于每次递归都会产生两个子问题，因此递归深度为 n 时，时间复杂度为 $O(2^n)$。这意味着当 n 变大时，计算时间将急剧增加，因此该算法不适用于大规模数据的处理。

通过对比不同时间复杂度的示例可以发现，随着输入规模的增加，算法执行时间的增长速度也会发生变化。因此，在选择算法时，需要根据问题的规模和性质，选择时间复杂度较低的算法来解决问题，以提高程序的执行效率。

2.3.5 案例分析

现在分析本章引入的一个简单的搜索引擎案例所对应的 Python 实现的时间复杂度。由于该算法是暴力匹配算法，因此该算法的时间复杂度相对较高。具体来说，如果文本长度为 n，目标字符串长度为 m，那么最坏情况下需要比较 $n-m+1$ 次，时间复杂度为 $O(nm)$。在实际应用中，该算法的效率远低于其他高效的字符串匹配算法，如 KMP 算法、Boyer-Moore 算法等。

2.4 空间复杂度的分析方法

2.4.1 空间复杂度的概念

在算法分析中，空间复杂度指的是算法执行过程中所需要的存储空间大小。在实际应用中用空间复杂度来衡量算法随输入规模的增长、算法的存储空间的需求量增长速率。

如图 2.2 所示，算法执行过程中涉及的内存空间主要包括 3 个部分。

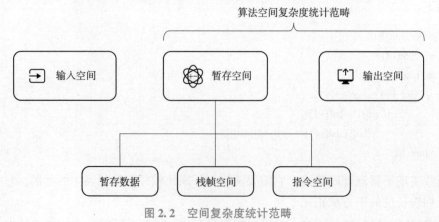

图 2.2　空间复杂度统计范畴

1. 输入空间

输入空间主要用于存储算法执行所需的输入数据。

2. 暂存空间

暂存空间主要用于存储算法执行过程中所产生的函数上下文、对象、变量等运行时数据。暂存空间可以细分为如下几个部分。

（1）暂存数据：主要指算法执行过程中生成的变量、常量、对象等临时内存数据。

（2）栈帧空间：主要指算法执行过程中函数调用所对应的栈帧。

（3）指令空间：指的是算法程序经过编译后所产生的程序指令，该部分一般相对固定且量级很小，通常忽略不计。

3. 输出空间

输出空间主要用于存储算法执行所产生的输出数据。

一般情况下，在进行空间复杂度讨论时，统计内存空间主要指的是暂存空间和输出空间。

空间复杂度也可以用大 O 表示法来表示。类似时间复杂度，可以用 $O(1)$、$O(n)$、$O(n^2)$ 等符号来表示不同的空间复杂度。

常见的空间复杂度如下。

（1）常数阶 $O(1)$：算法的空间使用量与输入规模无关，即算法在执行过程中所需要的存储空间是固定的。

（2）线性阶 $O(n)$：算法的空间使用量与输入规模成线性关系，即算法在执行过程中所需要的存储空间随输入规模呈线性增长。

（3）对数阶 $O(\log n)$：算法的空间使用量与输入规模成对数关系，即算法在执行过程中所需要的存储空间随输入规模呈对数增长。

（4）平方阶 $O(n^2)$：算法的空间使用量与输入规模成平方关系，即算法在执行过程中所需要的存储空间随输入规模呈平方增长。

（5）指数阶 $O(2^n)$：算法的空间使用量与输入规模成指数关系，即算法在执行过程中所需要的存储空间随输入规模呈指数增长。

上述算法空间复杂度和输入规模的关系如图 2.3 所示，可以看出在输入规模足够大的情况下，常见空间复杂度的关系如下：

常数阶 $O(1)$<线性阶 $O(n)$<对数阶 $O(\log n)$<平方阶 $O(n^2)$<指数阶 $O(2^n)$

2.4.2　空间复杂度的作用

空间复杂度主要用于评估算法的存储空间需求量，可以帮助人们优化算法，减少内存的使用，提高程序的运行效率。空间复杂度在算法分析中也是非常重要的一部分，因为一些算法在时间效率方面比较优秀，但是却需要较大的内存空间。因此，在进行算法分析时，需要综合考虑时间复杂度和空间复杂度两个方面。

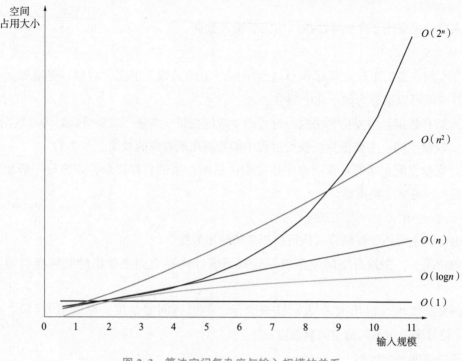

图 2.3　算法空间复杂度与输入规模的关系

2.4.3　空间复杂度的分析方法

　　空间复杂度的分析方法和时间复杂度的分析方法类似，也是通过算法所使用的空间大小来评估算法的空间复杂度。分析算法的空间复杂度通常需要分析算法中的变量、数组、递归等所占用的内存空间。但是，由于系统的内存空间一般都是有限的，所以更关注算法执行过程中的内存空间使用极大值，也就是所谓的最坏情况空间复杂度。

　　假设有一个函数，用于计算斐波那契数列的第 n 个元素，分析其最坏情况空间复杂度。示例代码如下。

```python
def fibonacci(n):
    if n <= 1:
        return n

    # 使用一个列表来存储中间结果
    fib_list = [0] *  (n + 1)

    # 初始化前两个元素
    fib_list[0] = 0
    fib_list[1] = 1
    # 计算斐波那契数列
    for i in range(2, n + 1):
```

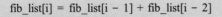

```
        fib_list[i] = fib_list[i − 1] + fib_list[i − 2]

    # 返回第 n 个元素
    return fib_list[n]

# 示例调用 1
result = fibonacci(1)
print("Fibonacci(1) =", result)
# 示例调用 2
result = fibonacci(5)
print("Fibonacci(5) =", result)
```

以上述代码为例，在进行分析时，考虑不同输入数据对应的复杂度。

（1）当 $n \leq 1$ 时，算法直接返回结果 n，因此其空间复杂度为 $O(1)$。

（2）当 $n > 1$ 时，需要初始化一个列表 fib_list 来存储中间结果，该列表的长度为 $n+1$，因此其额外空间复杂度是 $O(n)$。

综上，考虑空间复杂度时，通常关注最坏情况空间复杂度，上述代码的最坏情况空间复杂度为 $O(n)$。

2.4.4　常见的空间复杂度示例

1. $O(1)$ 空间复杂度

示例代码如下。

```
def example_constant_space(n):
    """
    This function has a constant space complexity of O(1)
    """
    x = 10
    y = 20
    z = x + y
    return z
```

在该函数中，只创建了 3 个变量，无论输入的参数 n 的大小如何，该函数所使用的内存大小都是固定的。因此，它的空间复杂度是常数阶 $O(1)$。

2. $O(n)$ 空间复杂度

示例代码如下。

```
def fibonacci(n):
    if n < 2:
        return n
    a, b = 0, 1
    for i in range(n−1):
```

```
    a, b = b, a+b
    return b
```

该函数用于实现斐波那契数列，它创建了一个长度为 n 的列表以及两个变量，因此它的空间复杂度是线性阶 $O(n)$。线性阶常见于算法中存在元素数量与 n 成正比的数据结构，如队列、链表、栈等。

3. $O(n^2)$ 空间复杂度

示例代码如下。

```
def quadratic_space(n):
    matrix = [[0 for j in range(n)] for i in range(n)]
```

该函数的空间复杂度是 $O(n^2)$，因为它需要一个 $n×n$ 的二维列表来保存所有数字。平方阶空间复杂度常见于存在元素数量与 n 成平方关系的数据结构，如矩阵或者图。

4. $O(2^n)$ 空间复杂度

指数阶空间复杂度常见于二叉树，其每一层节点的数量与层数 n 呈指数关系。图 2.4 所示为满二叉树节点数量与层级关系，其数据结构所需的存储空间随着树的层级呈指数增长。

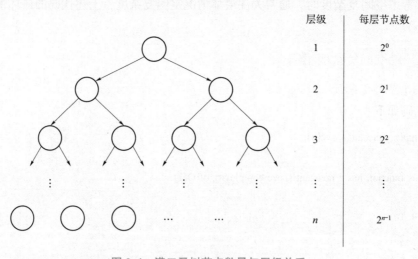

图 2.4 满二叉树节点数量与层级关系

2.4.5 案例分析

与时间复杂度一样，下面分析本章引入的一个简单的搜索引擎案例所对应的 Python 实现的空间复杂度。分析代码如下。

```
def search(text, word):  # O(n)
    n, m = len(text), len(word)    # O(1)
    for i in range(n − m + 1):
        j = 0   # O(1)
        while j < m:
```

```
            if text[i + j] ! = word[j]:
                break
            j += 1
        if j == m:
            return i
    return -1
```

从以上代码可以看出，搜索方法对应的额外空间主要如下。

(1) text 字符数组，其空间复杂度为 $O(n)$。

(2) word 字符数组，其空间复杂度为 $O(n)$。

(3) 临时变量 n、m、i、j，其空间复杂度均为 $O(1)$。

因此，从最坏情况空间复杂度来说，本案例所提供算法的最坏情况空间复杂度为 $O(n)$。

2.5 最好、最坏和平均情况分析

2.5.1 概念

在实际应用中，在分析算法的时间复杂度和空间复杂度时，通常考虑最好、最坏和平均3种情况。以时间复杂度为例，分析如下。

(1) 最好情况时间复杂度：在最理想的情况下，算法所需的最低时间复杂度。

(2) 最坏情况时间复杂度：在最不理想的情况下，算法所需的最高时间复杂度。

(3) 平均情况时间复杂度：在所有可能输入情况下，算法的期望时间复杂度。

2.5.2 分析示例

下面通过一个简单的示例说明最好、最坏和平均情况的时间复杂度。

假设有一个长度为 n 的列表，其中的元素都是整数，要从中找到指定的值，可以使用线性查找，代码如下。

```
def find_target(arr, target):
    # 遍历数组
    for i in range(0, len(arr)):
        # 当前遍历的数组元素是否等于目标值
        if arr[i] == target:
            # 返回对应值的下标
            return i
    # 若未找到目标值则返回-1
    return -1
```

1. 最好情况分析

在最好情况下，如图 2.5 所示，查找的元素 target 刚好为列表 arr 的开头第一个元素。

因此，只需比较 1 次，函数即返回，时间复杂度为 $O(1)$，这是算法执行时间的上限。

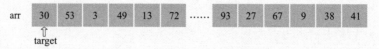

图 2.5   线性查找元素最好情况

2. 最坏情况分析

在最坏情况下，如图 2.6 所示，查找的元素 target 位于列表 arr 的末尾或根本不存在。此时列表中的所有元素每次都要被遍历，因此时间复杂度为 $O(n)$，这是算法执行时间的下限。

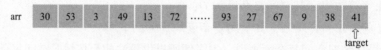

图 2.6   线性查找元素最坏情况

3. 平均情况分析

在平均情况下，假设输入列表是随机的，即访问所有元素都是等概率的，那么每次查找平均需要遍历 $n/2$ 个元素，时间复杂度为 $O(n)$。

综上所述，该算法的最坏情况时间复杂度为 $O(n)$，最好情况时间复杂度为 $O(1)$，平均情况时间复杂度为 $O(n)$。一般情况下，人们会关注最坏情况时间复杂度，因为算法的性能至少应该达到最坏情况时间复杂度，这决定了算法的性能下限。

2.6 小结与习题

2.6.1 小结

本章主要介绍了算法复杂度分析的相关知识。

1. 算法复杂度

（1）算法是指解决问题的一系列清晰而有限的指令，用于将初始输入转化为所需输出。

（2）评价算法复杂度主要是评估算法在时间效率和空间效率上的表现。

（3）算法复杂度可以用大 O 表示法来表示。

（4）分析算法复杂度需要考虑最坏情况、最好情况和平均情况。

2. 时间复杂度

（1）时间复杂度用于衡量算法执行时间随输入规模增长的趋势。

（2）常见时间复杂度从低到高排列有 $O(1)$、$O(\log n)$、$O(n)$、$O(n^2)$、$O(2^n)$ 等。

（3）平均时间复杂度是算法在随机数据输入下的时间效率，其最能反映实际应用中的算法性能。

3. 空间复杂度

（1）空间复杂度的作用类似时间复杂度，用于衡量算法占用空间随输入规模增长的趋势。

（2）常见空间复杂度从低到高排列有 $O(1)$、$O(\log n)$、$O(n)$、$O(n^2)$、$O(2^n)$ 等。

（3）因为内存空间一般是有限的，所以通常只关注最坏情况空间复杂度。

2.6.2　习题

一、选择题

1. 在算法复杂度的概念中，复杂度的度量标准是（　　）。

A. 时间　　　　　　　B. 空间　　　　　　C. 时间和空间　　　　D. 程序的长度

2. （　　）情况下的时间复杂度是算法的最坏时间复杂度？

A. 最优输入　　　　　　　　　　　　B. 平均输入

C. 最坏输入　　　　　　　　　　　　D. 随机输入

3. 对于一个时间复杂度为 $O(n^2)$ 的算法，当 n 增加 10 倍时，其时间复杂度（　　）。

A. 增长了 10 倍　　　　　　　　　　B. 增长了 100 倍

C. 增长了 1 000 倍　　　　　　　　　D. 增长了 10 000 倍

4. 在进行算法的空间复杂度分析时，人们通常更关注算法的（　　）。

A. 最好情况空间复杂度　　　　　　　B. 最坏情况空间复杂度

C. 平均情况空间复杂度　　　　　　　D. 最优空间复杂度

二、判断题

1. 时间复杂度为 $O(1)$ 的算法一定比时间复杂度为 $O(n)$ 的算法更快。　　（　　）

2. 空间复杂度的分析方法只考虑程序所需的内存空间大小。　　　　　　（　　）

3. 最好情况时间复杂度是指在最理想的情况下，算法所需的最低时间复杂度。　（　　）

2.7　实训任务

实训任务 1

编写一个函数，接收一个列表作为参数，返回列表中的最大值。要求使用最坏情况时间复杂度为 $O(n)$ 的算法实现。代码如下。

```
def find_max(arr):
    max = arr[0]
    for i in range(1, len(arr)):
        if arr[i] > max:
            max = arr[i]
    return max
```

实训任务 2

编写一个函数，接收一个正整数 n 作为参数，返回斐波那契数列的第 n 项。要求使用递归方式实现，并分析算法的时间复杂度。代码如下。

```
def fibonacci(n):
    if n == 1 or n == 2:
        return 1
    return fibonacci(n−1) + fibonacci(n−2)


# 时间复杂度为 O(2^n)，空间复杂度为 O(n)
```

2.8 课外拓展

拓展任务：算法复杂度实验

【任务描述】

通过实践操作，深入理解算法复杂度的概念和分析方法。

【任务步骤】

（1）根据本章的案例，编写一个简单的搜索引擎，并实现不同的搜索算法，包括顺序搜索和二分搜索。

（2）运用 Python 中的 time 库，分别计算不同算法的时间复杂度，并记录下来。

（3）通过比较不同算法的时间复杂度分析结果，总结不同算法的优、缺点，以及如何根据需求选择合适的算法。

（4）通过比较不同算法的空间复杂度分析结果，了解算法在内存消耗方面的不同表现。

（5）独立完成实验报告，记录实验过程中的思考和总结，以及对于算法复杂度分析的深入理解和体会。

第 3 章

线性数据结构

本章学习目标

 本章旨在让学生全面理解线性数据结构的基本概念和分类，重点掌握数组、链表、栈和队列这 4 种基本线性数据结构的特点、操作和应用场景。通过学习，学生应能够熟悉每种数据结构的优、缺点，并能够根据实际问题选择合适的数据结构。此外，本章鼓励学生通过实际案例和可视化工具加深对线性数据结构的理解，并探索更多线性数据结构的变种，以提升解决实际问题的能力。

学习要点

 √ 线性与非线性数据结构的区别
 √ 数组的基本概念与操作
 √ 链表的基本概念与操作
 √ 栈的基本概念与操作
 √ 队列的基本概念与操作

3.1 案例：简单的计算器

3.1.1 案例描述

 计算器是用于进行数学运算和计算的电子设备或工具，能够执行基本的算术操作，如加、减、乘、除等。本节依此为背景实现一个简单的计算器，这个计算器可以进行基本的加、减、乘、除运算，允许用户在控制台输入两个数和运算符，程序会根据用户的输入自动计算并输出结果。为了简单起见，只考虑两个整数之间的运算。

3.1.2 案例实现

 以下是对应案例的 Python 实现。

```
num1 = int(input("请输入第一个数字:"))
num2 = int(input("请输入第二个数字:"))
operator = input("请输入运算符(+、-、* 、/):")
```

```
if operator == '+':
    print(num1 + num2)
elif operator == '-':
    print(num1 - num2)
elif operator == '*':
    print(num1 * num2)
elif operator == '/':
    if num2 == 0:
        print("除数不能为 0")
    else:
        print(num1 / num2)
else:
    print("不支持的运算符")
```

运行上述代码，可以得到如下结果。

```
请输入第一个数字:5
请输入第二个数字:2
请输入运算符(+、-、*、/):*
10
```

上述代码中用户首先需要输入两个数字和运算符，程序会根据运算符进行相应的计算并输出结果。如果用户输入的是除法运算符，则程序会特别判断除数为 0 的情况。从代码中可以看出，该程序只能实现简单的两位数的操作，且单次只能实现加、减、乘、除中的某一特定运算，功能相对局限。

下面尝试使用线性数据结构的栈对计算器程序进行优化，具体代码如下，可以对比两种实现方式的区别。

```
# 定义一个栈类,用于承接用户输入符号
class Stack:
    # 构造方法
    def __init__(self):
        self.items = []

    # 判定当前栈是否为空
    def is_empty(self):
        return len(self.items) == 0

    # 往当前栈顶压入 1 个元素
    def push(self, item):
        self.items.append(item)

    # 从当前栈顶弹出 1 个元素
```

```python
    def pop(self):
        return self. items. pop()

    # 返回栈顶元素,但并不弹出这个元素
    def peek(self):
        return self. items[-1]

    # 获取当前栈的大小(元素个数)
    def size(self):
        return len(self. items)

# 定义一个函数,用于计算表达式的值
def evaluate_expression(exp):
    # 定义一个操作数栈
    num_stack = Stack()

    # 定义一个运算符栈
    operator_stack = Stack()

    # 定义一个运算符优先级字典
    precedence = {' +' : 1, ' -' : 1, ' * ' : 2, '/' : 2}

    # 将表达式字符串转换为列表(split 默认使用空格字符分割)
    token_list = exp. split()

    # 遍历用户输入表达式符号列表
    for token in token_list:
        # 如果当前 token 是数字,则将其压入操作数栈
        if token. isdigit():
            num_stack. push(int(token))
        # 如果当前 token 是运算符
        elif token in ' +-* /' :
            # 将当前运算符与运算符栈栈顶的运算符比较优先级
            while (not operator_stack. is_empty()) and \
                    (precedence[operator_stack. peek()] >= precedence[token]):
                # 如果栈顶运算符优先级大于等于当前运算符优先级,则弹出运算符和操作数进行计算
                operator = operator_stack. pop()
                num2 = num_stack. pop()
                num1 = num_stack. pop()
                result = do_math(operator, num1, num2)
                num_stack. push(result)
```

```
                # 将当前运算符压入运算符栈
                operator_stack. push(token)
            else:
                print("不支持的运算符" + token)


        # 当表达式中的所有 token 都已处理完毕
        # 弹出运算符和操作数进行计算,直到运算符栈为空
        while not operator_stack. is_empty():
            operator = operator_stack. pop()
            num2 = num_stack. pop()
            num1 = num_stack. pop()
            result = do_math(operator, num1, num2)
            num_stack. push(result)


        return num_stack. pop()


# 定义一个函数,用于进行计算
def do_math(operator, num1, num2):
    if operator == '+':
        return num1 + num2
    elif operator == '-':
        return num1 - num2
    elif operator == '*':
        return num1 * num2
    elif operator == '/':
        if num2 == 0:
            print("除数不能为 0")
            return None
        else:
            return num1 / num2
    else:
        print("不支持的运算符")
        return None


# 主程序
expression = input("请输入表达式(支持加减乘除,空格隔开数字和运算符):")
result = evaluate_expression(expression)
if result is not None:
    print("计算结果为:", result)
```

运行上述代码，可以得到以下结果。

请输入表达式(支持加减乘除,空格隔开数字和运算符):1 *　2 + 3 *　4

计算结果为:14

上述代码借用线性数据结构中栈的特性实现计算器，主要使用栈处理运算符和操作数，具体实现思路如下。

（1）定义一个栈类，用于管理栈的操作。

（2）定义一个函数 do_math()，用于进行特定的加、减、乘、除二元运算。

（3）定义一个函数 evaluate_expression()，用于计算表达式的值，其中使用了两个栈——一个操作数栈和一个运算符栈，并按照以下步骤操作。

① 遍历表达式中的每一个 token，如果是数字则压入操作数栈，如果是运算符则与运算符栈顶的运算符进行优先级比较，如果栈顶运算符优先级大于等于当前运算符优先级，则弹出栈顶运算符和操作数进行计算，将结果压入操作数栈；否则将当前运算符压入运算符栈。具体过程如图 3.1 所示。

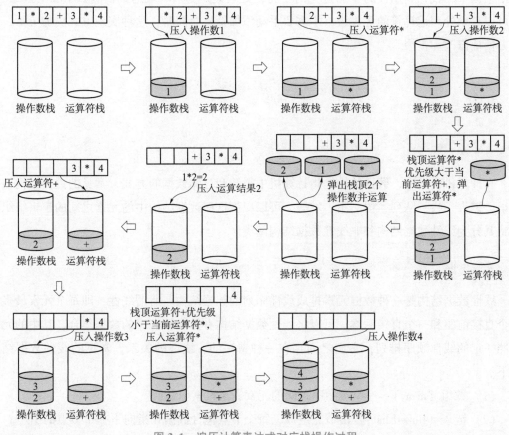

图 3.1　遍历计算表达式对应栈操作过程

② 所有的 token 都已遍历处理完毕后，不断弹出 1 个运算符和 2 个操作数并进行计算，

将计算结果压入操作数栈，直到运算符栈为空。最后操作数栈剩余的栈顶元素即表达式的值。具体过程如图 3.2 所示。

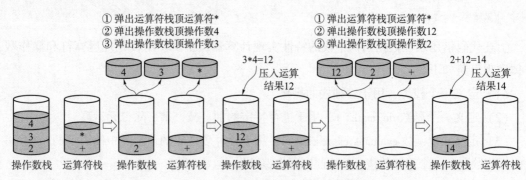

图 3.2　运算符栈和操作数栈剩余元素对应栈操作过程

对比实现计算器的两种方式的差别：第一种实现方式分开获取用户输入的操作数和操作符并采用分支结构进行判定，只能实现单个运算符的简单运算；第二种实现方式则使用线性数据结构中的栈，利用栈的"后进先出"特性处理更为复杂的表达式，例如 1+2*3+4，并且可以自动处理运算符的优先级，不需要手动添加括号，同时，这种实现方式更加灵活，可以方便地修改和扩展。

3.2　线性数据结构的概念

3.2.1　数据结构的分类

在计算机科学中，数据结构是指计算机中组织和存储数据的方式。常见的数据结构包括数组、链表、栈、队列、树、图、堆等。可以根据这些数据结构中的元素之间的逻辑组织关系将其分为线性数据结构和非线性数据结构两类。

3.2.2　线性数据结构

线性数据结构是一种数据元素排成线性序列的数据结构。所谓线性，即每个元素最多有一个直接前驱和一个直接后继。可以将线性数据结构看作一种有序的数据集合，其中的元素按照一定的线性顺序排列，它们之间存在一种单一的、线性的关系。常见的线性数据结构如下。

（1）数组（array）：一组按顺序存储的元素，通过索引访问。

（2）链表（linked list）：由节点组成，每个节点包含数据和指向下一个节点的引用。

（3）栈（stack）：具备"先进后出"（FILO）特性的数据结构，只能在一端进行操作。

（4）队列（queue）：具备"先进先出"（FIFO）特性的数据结构，可以在两端进行操作。

常见线性数据结构示例如图 3.3 所示。

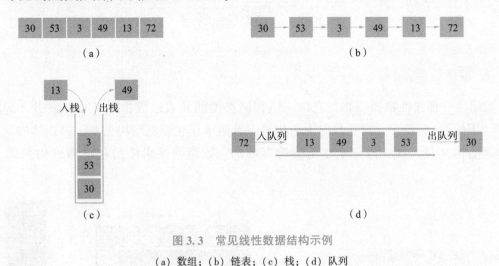

图 3.3　常见线性数据结构示例

（a）数组；（b）链表；（c）栈；（d）队列

非线性数据结构

非线性数据结构是指其中元素不是简单、顺序地排列的数据结构。在非线性数据结构中，元素之间存在复杂的关系，不仅限于简单的顺序关系。这种关系可以是层次关系、分支关系或任意复杂的关系。典型的非线性数据结构包括树和图。

（1）树（tree）：分为二叉树、平衡树、搜索树等，是具有层级关系的数据结构。

（2）图（graph）：由节点和边组成的数据结构，用于表示多对多的关系。

常见非线性数据结构示例如图 3.4 所示。

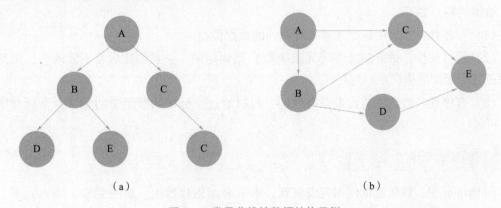

图 3.4　常见非线性数据结构示例

（a）树；（b）图

本章以及后续章节将分别介绍每种线性和非线性数据结构的概念、特点以及如何使用 Python 实现。

3.3 数　　组

3.3.1　数组的概念

数组是一种线性数据结构，它由一组相同类型的元素组成，可以通过索引（index，也称"下标"）来确定元素在数组中的位置。数组不仅在逻辑结构上是一组连续的元素，从物理结构来说，其在内存中也是连续存放的。数组的逻辑结构和物理机构如图 3.5 所示。

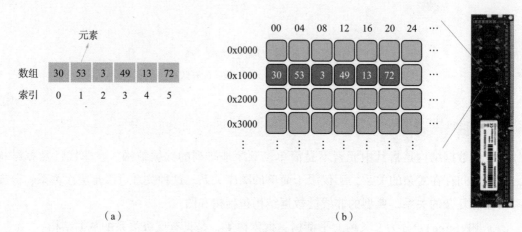

（a）　　　　　　　　　　　　　　　　（b）

图 3.5　数组的逻辑结构和物理结构
（a）逻辑结构；（b）物理结构

数组的特点如下。

（1）一致性：数组中每个元素具有相同的数据类型。

（2）不可变性：数组的大小（元素个数）是固定的，一旦创建后就不能改变，但是可以修改其中元素的值。

（3）有序性：数组中的元素是有序的，可以通过下标访问数组中的元素，下标的序号从 0 开始。

3.3.2　数组的操作

在 Python 中，数组通常使用列表实现。本节介绍创建数组、访问元素、插入元素、删除元素、遍历元素、查找元素等数组基本操作的 Python 实现。需要提醒的是，本书故意不采用 Python 内置的一些数组操作函数，如 append()、pop()、remove() 等，而是基于数组的基本特点，让学生自己实现上述的数组操作，旨在让学生了解数组操作的基本原理。同时，Python 的内置函数本质上也是基于本书所讲述的基本原理实现的。

1. 创建数组

可以使用以下代码创建一个数组。

```
arr = [1, 2, 3, 4, 5]
arr1 = [1] * 5 # 相当于 arr1 = [1, 1, 1, 1, 1]
```

上述代码分别创建了 arr 和 arr1 两个数组，每个数组都包含 5 个元素。

（1）arr 每个元素的值分别为 1、2、3、4、5。

（2）arr1 每个元素的值均为 1。

2．访问数组元素

可以使用下标（索引）访问数组中的元素。需要特别注意的是，数组的下标从 0 开始，例如，要访问数组 arr 中的第一个元素，可以使用以下代码。

```
print(arr[0]) #访问第 1 个元素
print(arr[2]) #访问第 3 个元素
```

上述代码将输出数组 arr 中的第一个元素 1 和第三个元素 3。因为数组在内存中是连续存储的，下标的本质上是计算内存地址的偏移量（图 3.6），所以在数组中访问元素是非常高效的，可以在 $O(1)$ 时间复杂度内访问任一元素。

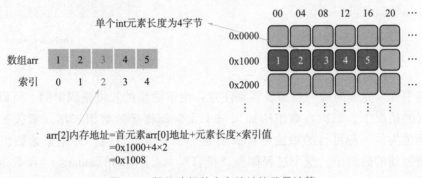

图 3.6　数组访问的内存地址偏移量计算

3．插入数组元素

由于数组中的元素在内存中是连续存储的，所以元素之间是没有空间可以存储其他元素。因此，如果要在数组中插入元素，就需要将插入位置之后的所有元素向后移动一位。以下代码中的 insert( ) 函数定义了如何插入数组元素。

```
def insert(arrs: list[int], index: int, num: int):
    """ 在 arrs 数组的下标为 index 的位置插入元素 num"""
    # 合法性校验
    if index < 0 | index >= len(arrs):
        raise Exception("下标不合法")
    # 将元素全部向后移动一位
    for i in range(len(arrs) - 1, index, -1):
        arrs[i] = arrs[i - 1]
    # 将待插入元素 num 放入 index 位置
    arrs[index] = num
```

```
arr = [1, 2, 3, 4, 5]
# 在 arr 数组第三个位置插入元素 6
insert(arr, 2, 6)
print("插入元素 6 后列表为 :", arr)
```

上述代码在 arr 数组的第三个位置插入元素 6，其对应的执行结果如下。

插入元素 6 后列表为 : [1, 2, 6, 3, 4]

图 3.7 所示为在 arr 数组的第三个位置插入新元素 6 的过程。

图 3.7　在数组中插入元素的过程

　　在数组中插入元素时有一点需要特别注意：由于数组的长度是固定的，所以在当前数组装满元素的情况下，每次在数组中插入一个元素都将导致数组末尾元素丢失。要保证数组元素不丢失，一种可行的做法是重新创建一个更大的数组，并把原始数组的元素依次复制到新创建的数组中，这个过程称为"扩容"。以下代码的 enlarge() 函数定义了数组扩容操作。

```
def enlarge(old_arr: list[int], ext_length: int) -> list[int]:
    """

        数组扩容操作
    :param old_arr: 元素数组
    :param ext_length: 需要扩容的长度
    :return: 新数组
    """
    # 新建长度为原始数据长度+扩展长度
    new_arr = [0] * (len(old_arr) + ext_length)
    # 将原始数组元素依次复制到新数组中
    for i in range(len(old_arr)):
        new_arr[i] = old_arr[i]
    # 最终返回新数组
    return new_arr
```

可以思考一下，如何利用数组扩容的方式优化前面定义的插入元素的 insert( ) 函数，保证原始数组的元素在经过插入元素操作后不丢失。

同时需要注意的一点是，上面定义的扩容操作是一个时间复杂度为 $O(n)$ 的操作，因此在大数据数组的情况下应该尽量避免。如果不可避免地要在大数据数组中频繁插入元素，可以在业务分析时评估数组的最大长度，并提前按照可能的最大长度对数组进行初始化，减少后续频繁扩容的效率损失，当然，后续业务过程的大部分时间内，该数组的存储使用率可能都很低，也就是可能导致存储的浪费，但是扩容的时间得以节省，这就是所谓的"利用空间换时间"策略。

4. 删除数组元素

与添加元素需要对元素进行后移操作同理，若想对数组元素进行删除，为了保证数组的有序性，需要将待删除元素后的元素依次往前移动一位。以下 delete( ) 函数定义了如何在数组中删除元素。

```
def delete(arr: list[int], del_index: int):
    #下标合法性校验
    if del_index < 0 | del_index >= len(arr):
        raise Exception("下标不合法")
    # 将待删除元素之后的所有元素依次往前移动一位
    for i in range(del_index, len(arr) − 1):
        arr[i] = arr[i + 1]


arr = [1, 2, 3, 4, 5]
# 删除 arr 数组的第三个元素
delete(arr, 2)
print("删除元素后列表为 :", arr)
```

上述代码执行结果如下。

删除元素后列表为 : [1, 2, 4, 5, 5]

删除数组 arr 中的第三个元素 3 的执行过程如图 3.8 所示。

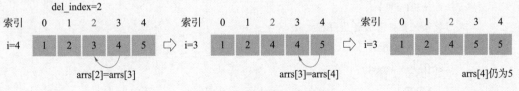

图 3.8　删除数组元素过程

可以看出，删除数组元素后，从数组本身的存储来说，末尾元素仍然为 5，这是由于数组长度本身是固定不变的。当然，此时的数组末尾元素在业务上是没有意义的，业务上真正的数组末尾元素是 arr[3]。在实际业务应用中，对于这种情况一般有两种处理方式。

（1）采用与前面添加数组元素时进行扩容操作的相同思路，对数组进行"缩容"操作，即删除元素后，依次复制剩余元素到一个新的数组中。这种操作同样会带来 $O(n)$ 的时间复杂度，只有在删除操作不频繁的情况下才建议这样处理。

（2）对于需要频繁删除或者添加元素的情况，通常会额外定义一个变量用来表述当前业务数组的实际长度 real_length。在业务操作中忽略数组实际长度 real_length 之后的其他元素。例如上述 arr 数组删除元素 3 后，实际业务中数组的长度应该为 4。

5. 遍历数组

在 Python 中使用 for 循环来遍历数组中的所有元素，可以根据实际需求，采用不同的遍历实现方式。

（1）直接遍历数组元素。

```python
for item in arr:
    print(item)
```

（2）通过索引遍历数组元素。

```python
for index in range(len(arr)):
    print(index, arr[index])
```

（3）同时遍历索引和数组元素。

```python
for index, item in enumerate(arr):
    print(index, item)
```

6. 查找数组元素

在数组中查找指定元素的一种朴素的做法是借助遍历数组的方法，从数组的开始（或末尾）逐个检查元素，直到找到目标元素或搜索完整个数组。其实现代码如下。

```python
def find_by_linear_search(arr: list[int], target: int) -> int:
    """
    线性查找数组中的指定元素
    :param arr: 待查找数组
    :param target: 查找目标值
    :return: 返回目标值在数组中的索引，-1 表示该目标值不在数组中
    """
    # 合法性校验(省略)
    # 遍历数组元素并与目标值进行比较
    for i in range(len(arr)):
        if arr[i] == target:
            return i
    return -1


arr = [8, 9, 3, 2, 7]
print(find_by_linear_search(arr, 3))
print(find_by_linear_search(arr, 6))
```

因为数组是线性数据结构，所以把上述查找方式称为"线性查找"（linear search），也称为顺序查找，这是一种基本的搜索算法。其特点是简单直观，其时间复杂度是 $O(n)$，因此在大型数据集中效率较低。线性查找适用于未排序的列表，因为它不要求元素按照特定的顺序排列。对于已排序的列表，后续章节所介绍的二分查找等更高效的算法更合适。

3.3.3　数组的优、缺点

数组的优点是访问元素快速，这是由于数组本身在内存空间中是连续存储的，可以通过下标随机访问元素，时间复杂度为 $O(1)$，几乎可以忽略。也正是因为数组在内存中是连续存储的，在其中插入和删除元素需要移动其他元素，甚至可能需要对数组进行扩容或缩容，所以数组的缺点是插入和删除元素的效率低，这个缺点在长数组中尤为明显。因此，数组这种数据结构更适合访问频繁，但插入和删除操作较少的场景。

3.3.4　数组的应用

数组是一种基础且重要的数据结构，其广泛应用在各类算法和工程应用中，也是很多复杂数据结构的实现基础。数组的常见应用如下。

（1）字符串处理：字符串本质上可以看作字符数组，因此在处理文本数据时，数组可用于存储和操作字符串。

（2）图形和图像处理：在图形和图像处理中，数组常用于表示图像的像素值。每个像素的颜色信息可以存储在数组中，以方便进行处理和分析。

（3）数学计算：数组用于存储和处理数学中的向量、矩阵等数据结构。线性代数运算、统计分析等都可以借助数组进行高效的实现。

（4）算法和数据结构：数组是许多经典算法和数据结构的基础，例如排序算法（如冒泡排序、快速排序）、搜索算法（如二分查找）、堆栈（栈）、队列等。

（5）网络编程：在网络编程中，数组常用于存储和处理数据包、消息等，它支持网络通信。

（6）缓存管理：计算机内存中的缓存通常以数组的形式存在，用于存储最近访问的数据，以提高数据访问速度。

3.4　链　　表

3.4.1　链表的概念

链表与数组一样，从逻辑结构上来看也是一种连续的线性数据结构。但是，其在物理结构上不要求是连续的存储地址，因此链表的元素不是单纯的数据，其元素是节点（node）对象，每个节点对象包含了数据和指向下一个节点（也称为"后继"）的引用（即内存地址，也称为指针）。链表的逻辑结构和物理结构如图 3.9 所示。

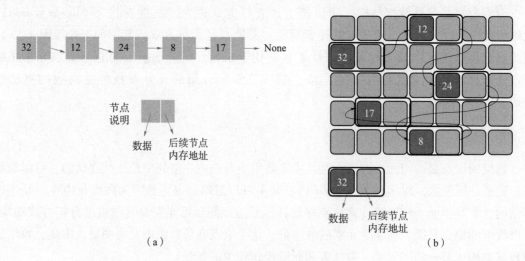

图 3.9　链表的逻辑结构和物理结构

（a）逻辑结构；（b）物理结构

从图中可以看出各个节点通过引用连接，环环相扣，故称为链表。内存空间是计算机系统中宝贵的公共资源。在计算机运行过程中不同程序申请和释放内存会产生大量的小型内存空间。前面讲过数组要求内存提供连续的存储空间，计算机运行过程中产生的这些"内存碎片"可能导致在大数据情况下数组无法申请到适配的连续内存空间。链表的设计使各个节点可以分散存储在内存各处，它们的内存地址无须连续。因此，从内存使用的角度来说，链表显然比数组更有优势。

在链表中有两个特殊的节点。

（1）头节点：链表的首个节点，其内存地址一般也用作整个链表的引用。

（2）尾节点：链表的最后一个节点，该节点指向的下一个节点为空（None）。

在 Python 中可以使用类来定义链表的节点，其代码如下。

```python
class ListNode:
    def __init__(self, data=None):
        self.data = data  # 数据属性,存储节点的数据
        self.next = None  # 指针属性,指向下一个节点的引用
```

上述代码定义了一个链表节点类 ListNode，其中 data 属性表示节点存储的数据，next 属性表示指向下一个节点的指针。从上述定义也可以看出，在存储相同数据的情况下，链表比数组占用更多内存空间。

3.4.2　链表的实现及操作

1. 创建链表

采用前面定义的 ListNode 类，尝试构建一个链表 32->12->24->8->17，具体代码如下。

```
# 创建链表节点
node1 = ListNode(32)
node2 = ListNode(12)
node3 = ListNode(24)
node4 = ListNode(8)
node5 = ListNode(17)

# 设置链表节点连接关系
node1. next = node2
node2. next = node3
node3. next = node4
node4. next = node5
```

上述代码创建了一个包含 5 个节点的链表，每个节点的数据属性分别为 32、12、24、8 和 17，并且按照节点的连接关系设置了每个节点的 next 指针属性。

2. 遍历链表

在 Python 中可以使用循环遍历链表中的所有节点。例如，要遍历上述示例中创建的链表，可以使用以下代码。

```
# 遍历链表数据
current_node = node1    # 初始化指向头节点
while current_node:
    print(current_node. data)
    current_node = current_node. next
```

上述代码使用 while 循环遍历输出链表中所有节点的值。为了更好地表达链表，可以借助 ListNode 链表节点类和链表遍历的方式来定义一个链表类 LinkedList，具体定义方法如下。

```
from linked_list_node import ListNode

# 链表类
class LinkedList:
    def __init__(self):
        self. head = None

    # 在链表尾部插入数据
    def insert_at_end(self, data):
        new_node = ListNode(data)        # 根据指定值生成 ListNode 实例
        if not self. head:
            # 设置头节点
            self. head = new_node
            return
```

```
            # 遍历找到最后一个节点
            current_node = self.head
            while current_node. next:
                current_node = current_node. next
            current_node. next = new_node        # 最后节点的 next 指向当前新的节点


        # 打印当前链表的所有节点
        def display(self):
            current_node = self.head
            while current_node:
                print(current_node. data, end=" -> ")
                current_node = current_node. next
            print("None")


# 示例用法
linked_list = LinkedList()


# 创建链表 32->12->24->8->17
linked_list. insert_at_end(32)
linked_list. insert_at_end(12)
linked_list. insert_at_end(24)
linked_list. insert_at_end(8)
linked_list. insert_at_end(17)


# 显示链表
linked_list. display()
```

上述代码的执行结果如下。

```
32 -> 12 -> 24 -> 8 -> 17 -> None
```

3. 插入节点

与数组在指定位置插入元素要移动该位置之后的所有元素不同，链表插入节点的逻辑相对简单，只需要维护好对应节点的指针关系即可。在链表中插入一个新节点的具体过程如下：找到要插入节点的位置，然后将新节点的指针指向下一个节点，将插入位置上一个节点的指针指向新节点。例如，要在上述示例中链表的第三个位置插入一个数据为 4 的新节点，其执行过程如图 3.10 所示。

可以看出，在链表中插入节点只需要变更两个节点的指针属性，相比于在数组中插入元素的过程，不用惊动其他节点。根据在链表中插入节点的执行过程，可以扩展 LinkedList 链表类，在其中添加对应的插入节点的方法，代码如下。

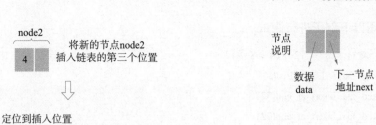

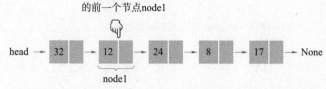

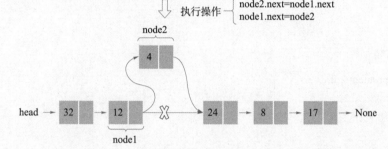

图 3.10　在链表中插入节点的执行过程

```python
# 在指定位置插入对应数据
def insert_at_position(self, data, position):
    """
    :param data: 待插入的数据
    :param position: 插入索引位置
    """
    new_node = ListNode(data)          # 根据指定值生成 ListNode 实例
    if position == 0:                  # 当插入位置为第一个位置时,需要特殊处理
        new_node.next = self.head      # 引用 head(原来第一个节点的内存地址)
        self.head = new_node           # head 指向新的节点
        return

    current_node = self.head
    for _ in range(position - 1):      # 定位到插入位置的前一节点
        if current_node is None:       # 已经走到链表末尾,说明 position 值不合法
            raise ValueError("Invalid position")
        current_node = current_node.next

    # 进行指针域的替换操作
    new_node.next = current_node.next
    current_node.next = new_node
```

使用以下例子进行测试。

```
# 创建链表 32->12->24->8->17
linked_list = LinkedList()
linked_list. insert_at_end(32)
linked_list. insert_at_end(12)
linked_list. insert_at_end(24)
linked_list. insert_at_end(8)
linked_list. insert_at_end(17)

print("原始数组:")
linked_list. display()

# 在指定位置插入新节点
linked_list. insert_at_position(4, 2)

print("插入新节点后数组:")
linked_list. display()
```

其执行结果如下。

```
原始数组:
32 -> 12 -> 24 -> 8 -> 17 -> None
插入新节点后数组:
32 -> 12 -> 4 -> 24 -> 8 -> 17 -> None
```

4. 删除节点

在链表中删除节点同样只需要变更相应节点的指针属性即可，非常方便。整体的删除逻辑是，定位到待删除的节点和它的前一节点，将前一节点指向待删除节点的后继节点。例如，删除上述示例中的链表 32->12->4->24->8->17->None 的第三个位置的元素 4，其具体的执行过程如图 3.11 所示。

根据在链表中删除节点的执行过程，同样可以扩展 LinkedList 链表类，在其中添加对应删除节点的方法，代码如下。

```
def delete_at_position(self, position):
    """
    删除链表指定位置节点
    :param position: 删除位置
    """
    # 当删除位置为第一个位置时,需要特殊处理
    if position == 0:
        if self. head:
            # 有头节点,说明至少有一个节点
```

```
            self. head = self. head. next
        else:
            # 没有头节点, 无法删除, 说明 position 值不合法, 中断操作
            raise ValueError("Invalid position")
        return
    current_node = self. head
    # 定位到删除位置的前一节点

    for _ in range(position - 1):
        # position 值不合法, 中断操作
        if current_node is None or current_node. next is None:
            raise ValueError("Invalid position")
        current_node = current_node. next


    if current_node. next:
        # 删除节点操作, 本质是修改指针属性
        current_node. next = current_node. next. next
    else:
        raise ValueError("Invalid position")
```

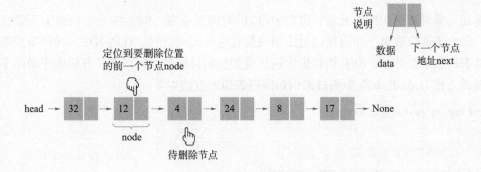

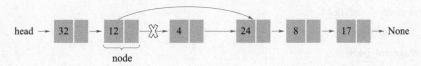

图 3.11　在链表中删除节点的执行过程

使用以下例子进行测试。

```
# 创建链表 32->12->4->24->8->17
linked_list = LinkedList()
linked_list. insert_at_end(32)
```

```
linked_list. insert_at_end(12)
linked_list. insert_at_end(4)
linked_list. insert_at_end(24)
linked_list. insert_at_end(8)
linked_list. insert_at_end(17)

print("原始数组:")
linked_list. display()

# 删除指定位置元素
linked_list. delete_at_position(2)

print("删除节点后数组:")
linked_list. display()
```

执行结果如下。

```
原始数组:
32 -> 12 -> 4 -> 24 -> 8 -> 17 -> None
删除节点后数组:
32 -> 12 -> 24 -> 8 -> 17 -> None
```

5. 访问节点

前面一节讲过访问数组元素只需要 $O(1)$ 的时间复杂度,但是链表在物理上不是连续存储的,因此不能像数组一样直接通过索引或位置进行随机访问。在链表中,访问节点通常需要从链表的头节点开始,沿着指针依次遍历直到找到目标节点。因此,在链表中访问节点的效率较低。在 LinkedList 类中通过索引访问链表值的方法如下。

```python
def find_by_position(self, position):
    """
    访问指定位置的节点
    :param position: 指定位置对应下标位置
    :return: 对应目标节点的数值
    """
    current_node = self. head
    for _ in range(position):
        if current_node:
            current_node = current_node. next
        else:
            # 处理位置越界的情况
            print("Position out of range. ")
            break
    # 返回对应节点的值
    return current_node. data
```

使用以下代码进行测试。

```
# 创建链表 32->12->24->8->17
linked_list = LinkedList()
linked_list. insert_at_end(32)
linked_list. insert_at_end(12)
linked_list. insert_at_end(24)
linked_list. insert_at_end(8)
linked_list. insert_at_end(17)

# 访问下标为 3 的数据
target_data = linked_list. find_by_position(3)
print("下标为 3 的节点对应数值为:", target_data)
```

执行结果如下。

```
下标为 3 的节点对应数值为: 8
```

分析上述 find_by_position( )方法的执行过程,访问指定位置的节点需要从头节点开始遍历。可以看出,若想访问链表中的第 i 个节点,则需要执行 $i-1$ 次循环操作,因此总体的时间复杂度为 $O(n)$。

6. 查找节点

如果要在链表中查找指定值对应的节点,同样需要借助链表的遍历来实现。在遍历链表的过程中,可以通过比较节点的数据域来查找包含特定值的节点。在 LinkedList 类中查找某个具体数值对应的实现方法如下。

```
def find_by_data(self, target_data):
    """
    在链表中查询目标数据对应的索引位置
    :param target_data: 需要查找的目标数据
    :return: 返回对应的索引位置,-1 表示该数据不在链表中
    """
    current_node = self. head
    position = 0
    while current_node:
        if current_node. data == target_data:
            # 找到目标节点,返回索引值
            return position
        current_node = current_node. next
        position += 1
    # 遍历完链表没找到,则返回 -1
    return -1
```

使用以下代码进行测试。

```
# 创建链表 32->12->24->8->17
linked_list = LinkedList()
linked_list. insert_at_end(32)
linked_list. insert_at_end(12)
linked_list. insert_at_end(24)
linked_list. insert_at_end(8)
linked_list. insert_at_end(17)

# 访问数据 8 所在位置
print(linked_list. find_by_data(8))
# 访问数据 21 所在位置
print(linked_list. find_by_data(21))
```

执行结果如下。

```
3
-1
```

虽然链表是以链式结构在内存中存储的，但是其从逻辑结构上来说仍然是线性数据结构，因此上述查找过程也属于线性查找。

3.4.3 链表的优、缺点

链表的优点主要如下。

（1）可以动态调整大小：链表的大小可以动态地调整，不需要预先分配固定大小的空间。这使链表在大小难以确定的情况下更为灵活。

（2）插入和删除操作效率高：在链表中插入或删除节点相对较为高效。不像数组那样需要移动大量元素来维护顺序，链表只需要修改指针的指向。

（3）内存空间要求低：链表的节点可以存储在内存的任何位置，它们之间的连接通过指针实现。这与数组不同，数组需要在内存中具有连续的存储空间。

链表的缺点如下。

（1）查找效率低：在链表中随机查找指定元素时需要从头部开始遍历，直到找到目标节点。相对于数组，链表在这方面的效率较低，时间复杂度为 $O(n)$。

（2）增加额外的空间开销：链表中的每个节点都需要额外的空间存储指向下一个节点的指针，这会导致相对于数组来说更大的内存消耗。

（3）缺乏直接访问节点的能力：与数组不同，链表没有直接访问节点的能力。要访问链表中的特定节点，必须从头遍历，直到找到目标节点。

3.4.4 链表的扩展

前面定义的链表包括存储的数据和指向下一个节点的指针，且该链表包含一个头节点和一个尾节点，这种基础的链表称为"单向链表"。在实际应用中，为了规避单向链表或者提高链表的灵活性，在此基础上衍生了其他类型的链表，具体如下。

（1）环形链表（circular linked list）：在单向链表的基础上，让尾节点指向链表的头部形成一个环，因此环形链表也称为循环链表。在环形链表中没有了尾节点的概念，其中的任意一个节点都可以作为头节点。环形链表示例如图 3.12 所示。

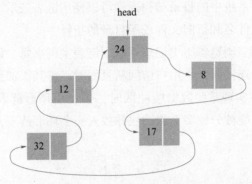

图 3.12　环形链表示例

环形链表在某些情况下可以提供一些优势和好处，例如在调度算法中循环调度任务。由于环形链表的尾节点指向头部，所以可以轻松地实现循环访问。

（2）双向链表（doubly linked list）：在单向链表中，永远是上一个节点指向下一个节点，而双向链表的节点维护两个指针属性，分别指向上一个节点和下一个节点。双向链表示例如图 3.13 所示。

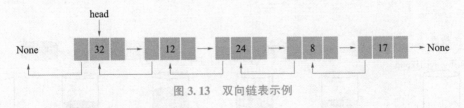

图 3.13　双向链表示例

对应的双向链表节点类定义代码如下。

```
class DoublyLinkedListNode:
    def __init__(self, data=None):
        self.data = data      # 节点值
        self.prev = None      # 指向前一个节点的指针
        self.next = None      # 指向后一个节点的指针
```

可以看出，相比于单向链表，双向链表由于具有两个方向的指针属性，所以在遍历时可以朝两个方向进行，显然更加地灵活。但也正是因为要多维护一个指针属性，所以双向链表比单向链表占用更多内存空间。

3.4.5 链表的应用

链表是一种灵活的数据结构，具有广泛的应用。以下是链表在不同领域的常见应用。

（1）实现其他数据结构：链表可用于实现许多其他数据结构，如队列、栈和图。链表的动态性质使其特别适合在这些数据结构中进行元素的插入和删除操作。

（2）内存分配：操作系统中的内存分配通常使用链表数据结构来管理内存块。每个内存块都可以表示为链表中的一个节点，空闲的内存块通过连接在一起形成链表。

（3）文件系统：文件系统中的目录结构通常可以使用链表表示。每个目录项可以看作链表中的一个节点，包含文件名和指向文件或子目录的指针。

（4）浏览器历史记录：浏览器历史记录可以用链表实现。每个访问的网页可以看作链表中的一个节点，通过链接连接起来，用户访问新页面时，将其添加到链表头部。

（5）数据缓冲区：在实现某些数据缓冲区时，会使用环形链表。例如，在音频和视频播放器中，文件数据流可能被分成多个缓冲块并放入一个环形链表，以便实现无缝播放。

3.5 栈

3.5.1 栈的概念

栈（stack）是一种仅允许在一端进行插入和删除操作的线性数据结构。如图 3.14 所示，栈允许插入和删除的一端称为"栈顶"（top），另一端称为"栈底"（bottom）。把元素添加到栈顶的操作叫作"入栈"（push），有时也称为压栈、进栈。把删除栈顶元素的操作叫作"出栈"（pop），或者称为弹栈。因此，栈是具备数据元素"先进后出"特点的线性数据结构。

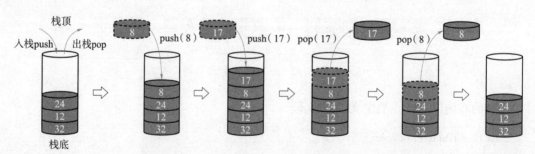

图 3.14　栈的基本概念

3.5.2 栈的实现及操作

在有些编程语言中，可以直接使用该编程语言内置的栈，不过在 Python 标准库中没有专门称为"栈"的内置类型。但是，可以利用数组或者链表，并添加相应的限定条件来实现栈。为了更好地了解栈的特点和运行机制,下面介绍如何通过数组和链表实现栈类。

1. 栈的数组实现及操作

以下是一个基于数组实现的栈类 Stack,同时提供了元素出栈操作、元素入栈操作、栈判空、查看栈大小、查看栈顶元素的操作。

```python
class Stack:
    """基于数组实现的栈类"""
    def __init__(self):
        self.items = []   # 数组 items 用于存储栈的元素,初始为空栈。

    def is_empty(self):
        """
        用于判断当前栈是否为空
        :return: true 表示空栈,false 表示不是空栈
        """
        return len(self.items) == 0

    def push(self, item):
        """
        入栈操作:等同于在数组末尾追加元素
        :param item: 入栈元素
        """
        self.items.append(item)

    def pop(self):
        """
        出栈操作:等同于删除数组末尾元素
        :return: 出栈元素
        """
        if not self.is_empty():
            return self.items.pop()
        else:
            print("Error: Stack is empty. ")

    def peek(self):
        """
        查看栈顶元素,但是不做出栈操作
        :return: 栈顶元素
        """
```

```
        if not self. is_empty():
            return self. items[-1]
        else:
            print("Error: Stack is empty. ")


    def size(self):
        """
        获取当前栈内的元素个数
        :return: 对应元素个数
        """
        return len(self. items)
```

可以看到,这里借用数组的 append( ) 方法将元素压入栈,同时使用数组的 pop( ) 方法将栈顶元素弹出栈,使用以下代码进行测试。

```
# 测试用例
stack = Stack()
stack. push(24)                              # 入栈操作
stack. push(12)
stack. push(32)
print("当前栈的大小:", stack. size())          # 输出栈的大小
popped_item = stack. pop()                   # 出栈操作
print("弹出元素:", popped_item)               # 输出弹出的元素
print("当前栈是否为空:", stack. is_empty())    # 输出栈是否为空
print("当前栈顶元素为:", stack. peek())         # 输出栈顶元素
```

执行结果如下。

```
当前栈的大小: 3
弹出元素: 32
当前栈是否为空: false
当前栈顶元素为: 12
```

测试代码执行过程中栈对应的逻辑操作和底层数组实际存储变化如图 3.15 所示。从图中可以看出,栈的入栈和出栈操作都是利用在数组中追加元素和删除元素实现的。基于数组的实现方法,虽然本质上可以利用数组支持随机访问,但是在上述代码实现中并没采用,因为这不符合栈数据结构的定义。在实现中仅利用数组线性结构有序的特点对末尾元素进行操作。

2. 栈的链表实现及操作

除了可以利用数组实现栈,还可以利用链表实现栈,并实现元素出栈操作、元素入栈操

作、判断栈是否为空、查看栈大小、查看栈顶元素。代码如下。

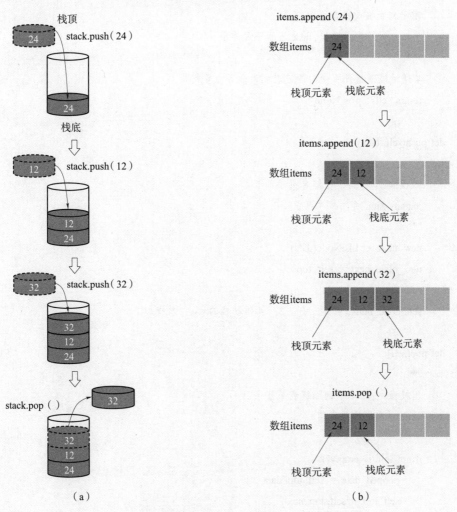

图 3.15　栈对应的逻辑操作和底层数组实际存储变化

（a）栈对应的逻辑操作；（b）底层数组实际存储变化

```
# 引入前面定义的链表节点
from linked_list_node import ListNode

class Stack:
    """基于链表实现的栈类"""
    def __init__(self):
        self.top = None          # 栈顶指针,永远指向链表的第一个元素
        self.node_num = 0        # 栈的大小,额外定义变量记录,避免遍历链表

    def is_empty(self):
```

```
        """
        用于判断当前栈是否为空
        :return: true 表示空栈,false 表示不是空栈
        """
        # 通过栈顶指针所指向的链表元素是否为空判断
        return self. top is None


    def push(self, data):
        """
        入栈操作:等同于在链表头添加节点
        :param data: 待入栈元素值
        """
        new_node = ListNode(data)
        new_node. next = self. top
        self. top = new_node
        self. node_num += 1          # 维护栈的大小,入栈加 1


    def pop(self):
        """
        出栈操作:相当于删除链表头节点
        :return: 出栈的元素值
        """
        if not self. is_empty():
            popped_data = self. top. data
            self. top = self. top. next
            self. node_num -= 1       # 维护栈的大小,出栈减 1
            return popped_data
        else:
            print("Error: Stack is empty. ")
            return None


    def peek(self):
        """
        查看栈顶元素,但是不做出栈操作,
        即查看链表头节点的值
        :return: 栈顶元素
        :return:
        """
```

```
        if not self. is_empty():
            return self. top. data
        else:
            print("Error: Stack is empty. ")
            return None


    def size(self):
        """
        获取当前栈内的元素个数
        :return: 对应元素个数
        """
        return self. node_num
```

使用以下代码进行测试。

```
# 测试用例
stack = Stack()


stack. push(24)                        # 入栈操作
stack. push(12)
stack. push(32)


print("当前栈的大小为:", stack. size())        # 输出栈的大小


popped_item = stack. pop()              # 出栈操作
print("弹出元素:", popped_item)            # 输出弹出的元素
print("当前栈是否为空:", stack. is_empty())     # 输出栈是否为空
print("当前栈顶元素为:", stack. peek())        # 输出栈顶元素
```

执行结果如下。

```
当前栈的大小为: 3
弹出元素: 32
当前栈是否为空: false
当前栈顶元素为: 12
```

上述代码执行过程中栈对应的逻辑操作和底层链表的变化如图 3.16 所示。

可以看出，把栈顶指针 top 替代链表的头指针 head，在进行入栈操作时，总是将元素插入链表的头部，同时出栈的时候也总是删除链表头部元素，保持对于栈的操作只体现在对栈的头指针的操作。链表对头节点删除和添加的时间复杂度是 $O(1)$，因此采用链表实现的栈，其出栈和入栈的时间复杂度也是 $O(1)$。

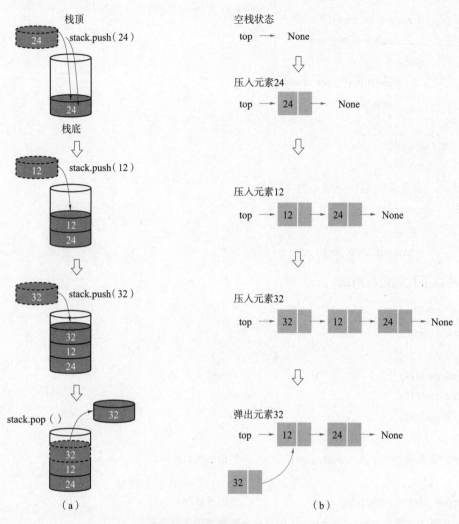

图 3.16　栈对应的逻辑操作和底层链表的变化

（a）栈对应的逻辑操作；（b）底层链表的变化

3.5.3　栈的优、缺点

不管是以数组还是以链表实现的栈，其优点是一样的，具体如下。

（1）插入元素：插入元素快速，只需要在数组的末尾或者链表的头部添加元素，时间复杂度是 $O(1)$。

（2）删除元素：和插入元素一样，删除元素同样快速，只需要从数组的末尾或者链表的头部移除元素，时间复杂度是 $O(1)$。

（3）访问元素：如果仅访问栈顶元素，数组和链表都可以直接访问，时间复杂度为 $O(1)$。

在讨论栈的缺点时，需要区分栈是以数组还是以链表实现。以下是以数组和链表实现的栈在插入元素、删除元素、访问元素方面的缺点。

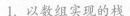

1. 以数组实现的栈

（1）插入元素：如果数组空间不足，则需要扩容数组，这就需要重新分配内存和复制元素，此时的时间复杂度与数组的大小 n 有关，时间复杂度为 $O(n)$。同时，有些编程语言为了降低扩容频率，其扩容机制会按照特定倍数进行扩容，例如 Java 会按照 2 倍大小进行扩容，因此很有可能数组的最终实际容量远超实际需求，这种情况会造成一定的内存空间浪费。

（2）删除元素：如果频繁地执行出栈操作，可能导致数组中间产生大量空闲的位置，浪费内存空间。

（3）访问元素：虽然数组能够支持随机访问，但是为了保持栈的特性，一般不能直接访问栈中间或底部的元素，如果需要访问特定元素，则需要弹出栈顶元素直到达到目标位置。

2. 以链表实现的栈

链表节点本身需要额外存储指针信息，因此使用链表实现的栈的缺点就是占用的内存空间相对较大。

综合来讲，栈本身的特性给他带来插入和删除元素快速的优点，但是实际应用中我们还需要考虑应用场景和应用环境，分析应该使用链表还是数组实现的栈来达到扬长避短的效果。

3.5.4 栈的应用

栈的“先入后出”特点使它在计算机科学和软件开发中有许多典型的应用。

（1）函数调用和递归：函数调用时，每次调用都会将当前函数的上下文（包括局部变量、返回地址等）压入栈，函数执行完毕后再从栈中弹出。递归算法本质上也使用了栈的数据结构，每次递归调用都会在栈上创建一个新的帧。

（2）内存管理：在计算机操作系统中，栈被用于管理函数调用和局部变量。当一个函数被调用时，其局部变量被压入栈；当函数执行完毕时，这些变量被弹出，释放相应的内存空间，这有助于内存的高效管理。

（3）浏览器前进和后退：浏览器中的前进和后退功能可以使用两个栈实现；一个栈用于存储前进的页面；另一个栈用于存储后退的页面。

（4）文本编辑器的撤销功能：文本编辑器通常使用栈实现撤销功能。每次执行编辑操作时，将操作前的文本状态压入栈，需要撤销时，从栈中弹出最近的文本状态。

（5）迷宫问题求解：栈可以用于解决迷宫问题。通过在栈中记录探索的路径，可以回溯之前的位置，直到找到迷宫的出口或确定无解。

3.6 队 列

3.6.1 队列的概念

队列是一种只允许在一端进行插入操作，而在另外一端进行删除操作的线性数据结构，因此称其为具有“先进先出”特点的数据结构，如图 3.17 所示。

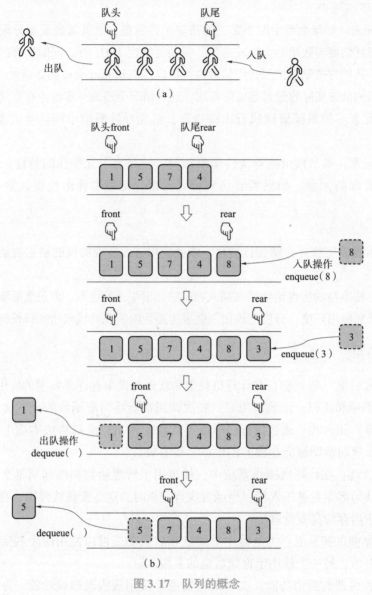

图 3.17 队列的概念

（a）现实中的队列；（b）数据结构队列

队列就是模拟现实中的排队，新加入队伍的人只能排在队伍尾部，位于队伍头部的人可以按次序离开。队列中把允许删除元素的一端称为"队头"（front，也称为队首），对应删除队头元素的操作称为"出队"（dequeue）；允许插入元素的另一端称为"队尾"（rear），对应的在队尾插入元素的操作称为"入队"（enqueue）。

需要提醒的是，上述所涉及队列概念的英文释义并不是唯一的，在不同的编程语言中可能略有差异，这里只是为了便于后续介绍，故提前使用英文释义。

3.6.2 队列的实现及操作

在 Python 中，实现队列有两种方法：一种是"站在巨人的肩膀上"，直接使用 Python

内置的队列实现；另一种是自定义类实现，因为队列要求实现 "先进先出"，所以借助数组或者链表都能自定义实现队列类。

　　1. 基于 Python 内置队列的操作

　　在 Python 中，可以直接使用以下两种内置队列：一种是 queue 模块的 Queue 类；另一种是 collections 模块的 deque 类。其对应操作示例如下。

　　（1）queue 模块的 Queue 类。

```python
from queue import Queue

# 创建一个队列
my_queue = Queue()

# 入队操作
my_queue. put(1)
my_queue. put(5)
my_queue. put(7)
my_queue. put(4)
my_queue. put(8)
my_queue. put(3)

# 访问队首元素
front = my_queue. queue[0]
print("队首元素:", front)

# 出队操作
item = my_queue. get()
print("出队的元素:", item)

# 查看队列的大小
size = my_queue. qsize()
print("队列的大小:", size)

# 判断队列是否为空
is_empty = my_queue. qsize() == 0
print("队列是否为空:", is_empty)
```

　　上述示例中使用 queue 模块的 Queue 类创建对应的对象，并通过 put( ) 方法进行入队操作，然后通过 get( ) 方法进行出队操作。qsize( ) 方法用于获取队列的大小。值得注意的是，Queue 没有直接访问队首元素的方法，但是可以通过对 Queue 对象内的 queue 属性设置相应索引来访问对应队首元素。

上述示例的输出结果如下。

```
队首元素: 1
出队的元素: 1
队列的大小: 5
队列是否为空: false
```

（2）collections 模块的 deque 类。

```python
from collections import deque

# 创建一个双端队列
my_queue = deque()

# 入队操作
my_queue. append(1)
my_queue. append(5)
my_queue. append(7)
my_queue. append(4)
my_queue. append(8)
my_queue. append(3)

# 访问队首元素
front = my_queue[0]
print("队首元素:", front)

# 出队操作
item = my_queue. popleft()
print("出队的元素:", item)

# 查看队列的大小
size = len(my_queue)
print("队列的大小:", size)

# 判断队列是否为空
is_empty = len(my_queue) == 0
print("队列是否为空:", is_empty)
```

上述示例中使用 collections. deque 创建了一个双端队列（double-ended queue）。所谓双端队列，即允许在头部和尾部执行元素的添加或删除操作，因此可以发现它的入队操作、出队操作、查看队列大小的方法及访问队首元素的方法均与 Queue 类不一样。除此之外，上述示例的输出与 Queue 类的示例一致。

虽然 Queue 和 deque 都可以用于实现队列，但它们有一些区别。Queue 是一个线程安全的队列实现，这意味着它适用于多线程环境，需要阻塞等待或其他高级队列功能的场景。deque 本身不提供线程安全性，但是 deque 是一个双端队列，可以在队列的两端执行快速的添加和弹出操作，同时可以通过使用额外的同步机制（例如锁）来确保线程安全。因此，具体采用哪种方式，需要根据具体的业务场景进行选择。

2. 基于链表实现队列及其操作

可以基于前面所讲的链表，扩展定义基于链表的队列 LinkedListQueue 类，具体定义如下。

```python
from chapter_03. linkedlist. linked_list_node import ListNode


class LinkedListQueue:
    def __init__(self):
        # 初始化队列的头、尾指针
        self. front = None
        self. rear = None

    def is_empty(self):
        """
        判断队列是否为空
        :return:
        """
        return self. front is None

    def size(self):
        """
        获取当前队列的大小,即元素的个数
        :return:
        """
        count = 0
        current = self. front
        while current:
            count += 1
            current = current. next
        return count

    def enqueue(self, item):
        """
        入队操作
        :param item:
```

```
        """
        new_node = ListNode(item)
        if self. is_empty():
            # 队列为空时,新节点成为队首和队尾
            self. front = new_node
            self. rear = new_node
        else:
            # 将新节点添加到队尾,并更新队尾指针
            self. rear. next = new_node
            self. rear = new_node


    def dequeue(self):
        """
        出队操作
        :return: 对应出队的队首元素
        """
        if self. is_empty():
            print("队列为空,无法出队。")
            return None
        else:
            # 出队并更新队首指针
            item = self. front. data
            self. front = self. front. next
            if self. front is None:
                # 如果队列为空,则更新队尾指针
                self. rear = None
            return item


    def peek(self):
        """
        访问队首元素,但是不做出队操作

        :return: 队首元素
        """
        if self. is_empty():
            print("队列为空,无法查看队首元素。")
            return None
        else:
            return self. front. data
```

这里引入了前面定义的链表节点类 ListNode,并使用链表实现了队列的基本操作,包括判断队列是否为空、入队、出队、查看队首元素等。采用以下代码进行测试。

```
# 创建队列
queue = LinkedListQueue()

# 入队操作,依次入队 1,5,7,4,8,3
queue. enqueue(1)
queue. enqueue(5)
queue. enqueue(7)
queue. enqueue(4)
queue. enqueue(8)
queue. enqueue(3)

# 出队前队列大小和队首元素
print("队列大小:", queue. size())
print("队首元素:", queue. peek())

# 出队操作
item = queue. dequeue()
print("出队的元素:", item)

# 出队后队列大小和队首元素
print("队列大小:", queue. size())
print("队首元素:", queue. peek())
```

图 3.18 所示为上述代码执行过程中,基于链表实现的队列进行出队操作和入队操作所对应的链表实际操作。

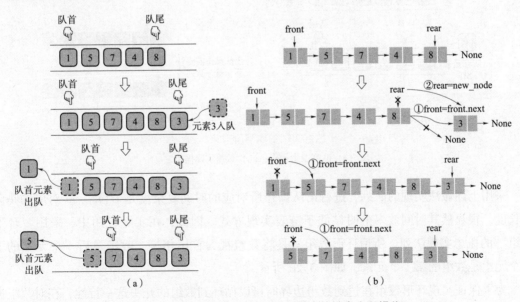

图 3.18 基于链表实现的队列所对应的链表实际操作

（a）队列逻辑操作；（b）链表实际操作

测试代码的执行结果如下。

```
队列大小: 6
队首元素: 1
出队的元素: 1
队列大小: 5
队首元素: 5
```

LinkedListQueue 类使用头、尾两个指针维护链表的头节点和尾节点，新的元素都被添加到链表的尾部，出队操作则只需移除链表的头节点，两者都仅是相应节点的指针域关系。因此，出队和入队操作的时间复杂度都是 $O(1)$。获取队列大小需要遍历整个链表，因此时间复杂度为 $O(n)$。

3. 基于数组实现队列及其操作

基于数组实现队列及其操作的一种朴素做法是，队首指针 front 一直指向第 1 个数组元素，队尾指针 rear 动态地指向数组中对应队列的最后一个元素。在数组中，可以快速在数组尾部追加元素，因此其入队操作时间复杂度与基于链表实现的队列一样，也是 $O(1)$，但是出队操作需要删除数组的第 1 个元素，此时需要移动整个数组，如图 3.19 所示。

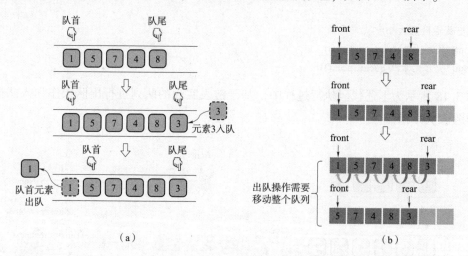

图 3.19　基于数组实现的队列所对应的数组实际操作
（a）队列逻辑操作；（b）数组实际操作

采用上述做法实现的队列，进行出队操作所对应的时间复杂度是 $O(n)$，n 对应的是队列长度，很显然其时间效率上明显低于链表实现方式。因此，在实际应用中，采用"环形数组"的概念实现队列。所谓环形数组，是将数组视为首尾相接，数组最后一个元素的下一个元素是数组的第 1 个元素，如图 3.20 所示。

为了保证实现环形数组在达到数组边界时可以循环到数组的开头这一特性，在对数组进行索引操作时，需要通过对索引值进行数组长度的"取余操作"，以达到将最终所计算索引值映射到实际数组索引的目的。基于环形数组实现 ArrayQueue 队列类，具体定义如下。

索引

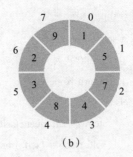

（a）　　　　　　　　　　　（b）

图 3.20　环形数组的概念

（a）普通数组；（b）环形数组

```python
class ArrayQueue:
    def __init__(self, capacity):
        # 初始化队列和队列容量
        self.queue = [None] *  capacity   # 存储队列元素的数组
        self.capacity = capacity
        self.front = 0                      # 队首指针,初始化指向数组第 1 个元素
        self.rear = 0                       # 队尾指针,指向队尾元素之后的下一个位置

    def is_empty(self):
        """判断队列是否为空"""
        return self.front == self.rear

    def is_full(self):
        """判断队列是否已满"""
        return (self.rear + 1) % self.capacity == self.front

    def size(self):
        """获取队列长度"""
        return (self.rear - self.front + self.capacity) % self.capacity

    def enqueue(self, item):
        """入队操作"""
        if self.is_full():
            print("队列已满,无法入队。")
        else:
            self.queue[self.rear] = item
            self.rear = (self.rear + 1) % self.capacity

    def dequeue(self):
```

```
            """出队操作"""
            if self. is_empty():
                print("队列为空,无法出队。")
                return None
            else:
                item = self. queue[self. front]
                self. front = (self. front + 1) % self. capacity
                return item

        def peek(self):
            if self. is_empty():
                print("队列为空,无法查看队首元素。")
                return None
            else:
                return self. queue[self. front]
```

上述代码中的 ArrayQueue 类定义数组 queue 用来存储队列元素,同时定义了以下两个变量。

(1) front:指向队列队首元素对应的数组下标。

(2) rear:指向队列队尾元素之后下一个元素的数组下标。

因此,队列所包含的元素范围为数组 queue 下标闭区间 [front,rear−1],队列所对应操作基本逻辑如下。

(1) 入队操作 enqueue:将待入队元素赋给 queue [rear],同时将 rear 加 1。

(2) 出队操作 dequeue:返回 queue [front] 后,将 front 加 1。

(3) 获取队列大小:rear 对应下标值减去 front 对应下标值。

以上操作除了上述逻辑外,在实现时,对于下标的计算还引入环形数组的逻辑,并加入相应的取余操作。可以采用以下代码进行测试。

```
# 创建队列
queue = ArrayQueue(8)


# 入队操作,依次入队 1,5,7,4
queue. enqueue(1)
queue. enqueue(5)
queue. enqueue(7)
queue. enqueue(4)


# 出队操作
```

```
print("【出队前】队列大小:", queue. size(), ", 队首元素:", queue. peek())
item = queue. dequeue()
print("出队的元素:", item)
print("【出队后】队列大小:", queue. size(), ", 队首元素:", queue. peek())

# 入队操作,依次入队 8,3,2,9
queue. enqueue(8)
queue. enqueue(3)
queue. enqueue(2)
queue. enqueue(9)

# 出队操作
print("【出队前】队列大小:", queue. size(), ", 队首元素:", queue. peek())
item = queue. dequeue()
print("出队的元素:", item)
print("【出队后】队列大小:", queue. size(), ", 队首元素:", queue. peek())

# 入队操作,入队 6
queue. enqueue(6)
print("【最后】队列大小:", queue. size(), ", 队首元素:", queue. peek())
```

图 3.21 所示为上述代码执行过程中，基于环形数组实现的队列进行出队操作和入队操作所对应的数组实际操作。

测试代码的执行结果如下。

```
【出队前】队列大小: 4 , 队首元素: 1
出队的元素: 1
【出队后】队列大小: 3 , 队首元素: 5
【出队前】队列大小: 7 , 队首元素: 5
出队的元素: 5
【出队后】队列大小: 6 , 队首元素: 7
【最后】队列大小: 7 , 队首元素: 7
```

要理解基于环形数组实现的队列的执行过程，需要特别注意两点。

（1）队首元素出队，通过队首指针 front 后移，表示该元素在队列中被逻辑删除，实际该元素仍然物理存储在数组中，直到之后的某一次队尾元素插入后才会被覆盖，例如上述基于环形数组实现队列对应操作中数组下标 0 位置所在的元素。

（2）随着不断进行入队和出队操作，front 和 rear 都在向后移动，当它们越过数组尾部时，会直接回到数组头部，这种下标循环在代码中通过取余操作保证。

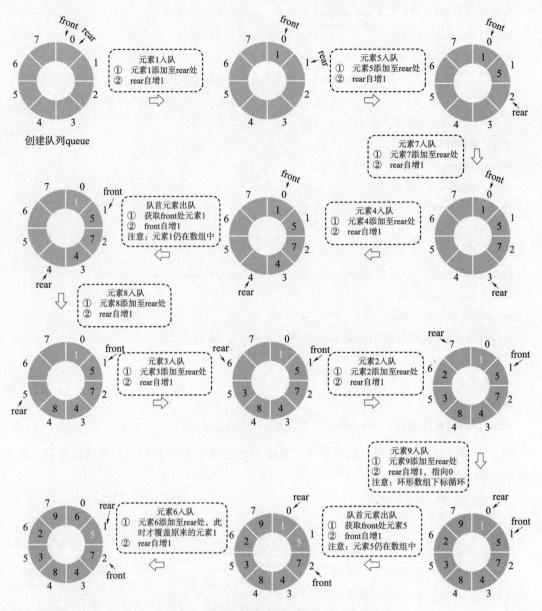

图 3.21　基于环形数组实现队列的对应操作

很显然，采用环形数组实现的队列，其对应队列操作的时间复杂度都是 $O(1)$。

3.6.3　队列的优、缺点

队列的主要优点是队列遵循先进先出的原则，确保了元素的顺序性。最早进入队列的元素最先被处理，这对于某些问题的解决非常自然，而且不管是基于链表还是基于数组实现的队列，都能将出队操作和入队操作的时间复杂度降低到 $O(1)$。

队列的缺点与栈一样，需要区分队列是以数组还是以链表实现。以链表实现的队列需要的存储空间相对较大。以数组实现的队列长度不可变，具有固定的容量限制，当然这也不是不可解决，例如可以将固定数组替换为动态数组，此处不加赘述。

3.6.4　队列的应用

队列的"先入先出"特点使它在计算机科学和软件开发中有许多典型的应用，特别是一些需要确保"先来后到"的场景，具体如下。

（1）系统订单高并发处理：很多电商购物平台在"双十一""618"这样的大促场景下，都无法短时间处理海量订单。一个常规的做法是"削峰填谷"，即定义一个订单处理队列，在高并发场景下，先将用户订单加入队列，系统在不影响业务的情况下，根据顺序依次处理队列中的订单，这样能够有效地顶住瞬间访问量，防止服务器因承受不住而崩溃。

（2）网络数据包传输：在网络通信中，为了提高传输效率，消息通常会被拆分为多个数据包，而数据包在发送和接收时，都以队列的形式进行排队。

（3）排队取号：餐厅或者一些营业厅中的排队系统都是以队列来模拟实际的队伍。

（4）广度优先搜索：队列常用于实现广度优先搜索算法，用于解决图和树等数据结构的搜索问题，如寻找最短路径。

（5）消息队列：在分布式系统中，消息队列用于在不同的系统之间传递消息，确保消息被有序处理。例如，Kafak、Redis、RabbitMQ、RocketMQ 等都可以作为提供消息队列的中间件。

3.7　小结与习题

3.7.1　小结

本章主要介绍了 4 种线性数据结构，包括数组、链表、栈和队列。其中，数组和链表都是常见的数据结构，栈和队列则是基于数组和链表实现的数据结构。

1. 数组

（1）数组中的元素类型必须相同，且在内存中连续存放。

（2）数组的大小是固定的，一旦创建后就不能改变。

（3）可以通过下标访问数组中的元素，下标从 0 开始。

（4）数组支持随机访问，占用内存较少，但插入和删除元素效率低。

2. 链表

（1）链表中的节点类型可以不同，且在内存中可以不连续存放。

（2）链表的大小不固定，可以动态地增加或删除节点。

（3）链表能像数组一样通过下标直接访问节点，但只能从头节点开始遍历。

（4）链表通过更改引用（指针）实现高效的节点插入与删除，且可以灵活调整长度，但节点访问效率低，占用内存较多。

3. 栈

（1）栈是一种遵循"先入后出"原则，即仅允许在一端进行插入和删除操作的线性数据结构。

（2）栈可通过数组或链表实现，但是在时间效率和空间效率上表现有差异。

① 在时间效率方面，入栈、出栈和访问栈顶元素可以达到 $O(1)$，但是栈的数组实现在扩容过程中，单次入栈操作的最坏情况时间复杂度可以到 $O(n)$

② 在空间效率方面，栈的数组实现可能导致一定程度的空间浪费，但需要注意的是，链表节点所占用的内存空间比数组元素更大。

4. 队列

（1）队列是一种遵循"先入先出"原则，即只允许在一端进行插入操作，而在另一端进行删除操作的线性数据结构。

（2）队列可以通过数组或链表实现，其中队列的数组实现是为了降低移动元素的成本，可以采用环形数组的形式实现队列。在时间效率和空间效率的对比上，队列的结论与栈的结论相似。

（3）Python 中也有内置的队列实现可以直接使用。

总而言之，在选择数据结构时，应根据具体需求和场景进行恰当的选择。

3.7.2 习题

一、选择题

1. 以下关于数组的描述中正确的是（　　　）。

A. 不需要事先指定大小

B. 存储元素的内存空间是连续的

C. 可以存储不同类型的数据

D. 不支持随机访问

2. 在链表中进行随机访问的时间复杂度是（　　　）。

A. $O(1)$　　　　　　　　　　　　B. $O(\log n)$

C. $O(n)$　　　　　　　　　　　　D. $O(n^2)$

3. 以下（　　　）具有"先进先出"特点。

A. 栈　　　　　　B. 队列　　　　　　C. 链表　　　　　　D. 数组

4. 以下（　　　）操作的时间复杂度不是 $O(1)$。

A. 入队　　　　　　B. 出队　　　　　　C. 查看队首元素　　　D. 随机访问元素

二、判断题

1. 数组的插入操作比链表的插入操作更有效率。　　　　　　　　　　　　（　　　）

2. 链表中的节点可以在内存中不连续分布。　　　　　　　　　　　　　　（　　　）

3. 链表是一种线性数据结构，其特点是"先进后出"。　　　　　　　　　（　　　）

4. 栈可以使用列表实现。　　　　　　　　　　　　　　　　　　　　　（　　　）

三、填空题

1. 对于一个包含 5 个元素的整数数组，要访问第三个元素，需要使用的索引值为＿＿＿＿＿＿＿＿＿＿。

2. 在使用链表实现队列时，需要维护队首节点和队尾节点，分别记录队首元素和队尾元素的＿＿＿＿＿＿＿＿＿＿。

3. 在使用链表实现队列时，进行入队操作时需要更新＿＿＿＿＿＿＿＿＿＿的指针/引用。

3.8 实训任务

实训任务：餐厅点单系统

【任务描述】

设计一个餐厅点单系统的简化版本。该系统需要模拟餐厅接收订单、处理订单的流程。实现一个队列系统，确保订单按照"先进先出"的原则被处理。

每个订单包含订单号、顾客姓名、食品名称、桌号。该系统需要实现订单的入队、出队和查询队列大小的功能。

3.9 课外拓展

拓展任务 1：借助可视化工具理解数据结构

以下推荐的几个在线数据结构可视化网站，这些网站可以帮助学生更直观地理解数据结构的构造和操作。

（1）VisuAlgo。该网站提供了丰富的数据结构和算法可视化演示，支持多种语言和多种数据结构，包括数组、链表、栈、队列、堆、树、图等。而且，该网站还提供了练习功能，可以帮助用户进行数据结构和算法的练习和巩固。

（2）Data Structure Visualizations。该网站提供了多种数据结构的可视化演示，包括数组、链表、栈、队列、树等，同时提供了一些数据结构的应用场景，例如哈希表、拓扑排序等。

（3）USFCA Data Structures。该网站提供了多种数据结构的可视化演示，包括数组、链表、栈、队列、树等，而且提供了多种语言和多种操作方式，

拓展任务 2：实现更多线性数据结构

本章主要讲解了数组、链表、栈和队列这 4 种线性数据结构。实际上，线性数据结构还包括很多其他类型，例如双向链表、循环链表、优先队列等。学生有助于可以自行研究这些

数据结构，并尝试使用 Python 实现它们。通过实现更多线性数据结构，有助于更深入地理解线性数据结构的特点和应用场景。

拓展任务 3：解决实际问题

线性数据结构在现实生活中有很多应用场景，例如使用队列模拟食堂排队、使用栈解决表达式求值问题等。学生可以自行寻找一些实际问题，并尝试使用线性数据结构解决这些问题。例如，可以使用队列模拟地铁站中的乘客进出站，或者使用栈解决 HTML 标签匹配的问题等。通过解决实际问题，学生可以更好地理解线性数据结构的实际应用价值。

## 第 4 章

树

本章学习目标

本章旨在使学生深入理解树的层次结构及其在数据组织中的应用。学生将掌握树的定义、组成元素和属性概念，特别是二叉树的特殊性质和实现方式。通过学习，学生应能够构建二叉树、执行基本操作（如节点的插入和删除），并熟练应用二叉树的遍历算法，包括广度优先和深度优先策略。此外，学生将探索二叉树在不同领域的实际应用，如文件系统、数据库索引和编译器设计等。最终，通过实训任务和课外拓展练习，学生将提高解决实际问题的能力，加强编程技能，并能够使用树结构有效处理现实世界中的复杂数据集合。

学习要点

√ 树的基本概念
√ 二叉树的基本概念
√ 二叉树的性质
√ 二叉树的实现及基本操作
√ 二叉树的遍历

4.1 案例：文件系统的遍历

4.1.1 案例描述

假设需要在计算机中查找某个文件"file2.txt"，但是不知道它在哪个文件夹下，这时应该怎么办？一个可行的方法是从根目录开始，逐级查找，直到找到需要的文件。在这个情况下，可以将计算机的文件系统中的文件和文件夹看作一棵树形结构关系网，文件系统树形结构示例如图 4.1 所示。每个文件夹是一个节点，文件夹中的文件或者文件夹是节点的子节点。在计算机中查找文件"file2.txt"，相当于对这棵树进行遍历和比对，最终找到需要的文件。

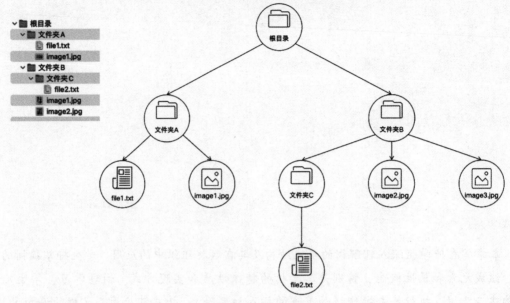

图 4.1　文件系统树形结构示例

4.1.2　案例实现

以下是定义文件系统的 Python 代码实现。

```python
class FileTreeNode:
    """定义文件树节点"""
    def __init__(self, name, is_directory=False):
        self.name = name                       # 文件名
        self.is_directory = is_directory       # 是否是文件夹
        self.children = []                     # 子节点列表

    def add_child(self, child):
        self.children.append(child)


def find_by_level(node, file_name, indent=""):
    """
        从 node 节点开始逐级查找需要的文件
    :param node: 当前查找节点
    :param file_name: 待查找文件
    :param indent: 文件系统打印缩进
    """
    print(indent + node.name + ("/" if node.is_directory else "")\
```

```
                + (" [目标文件]" if node. name = = file_name else ""))
        for child in node. children:
            find_by_level(child, file_name, indent + "  ")
```

通过以下代码可以构建图 4.1 所对应的文件系统树形结构，并查找文件"file2. txt"。

```
# 构建文件系统树型结构
root = FileTreeNode("根目录", is_directory=True)
dir_A = FileTreeNode("文件夹 A", is_directory=True)
dir_B = FileTreeNode("文件夹 B", is_directory=True)
root. add_child(dir_A)
root. add_child(dir_B)

file1 = FileTreeNode("file1. txt")
image1 = FileTreeNode("image1.jpg")
dir_A. add_child(file1)
dir_A. add_child(image1)

dir_C = FileTreeNode("文件夹 C", is_directory=True)
image2 = FileTreeNode("image2.jpg")
image3 = FileTreeNode("image3.jpg")
dir_B. add_child(dir_C)
dir_B. add_child(image2)
dir_B. add_child(image3)

file2 = FileTreeNode("file2. txt")
dir_C. add_child(file2)

# 遍历文件系统,查找文件
find_by_level(root, "file2. txt")
```

运行上述代码，可以得到如下结果。

```
根目录/
  文件夹 A/
    file1. txt
    image1.jpg
  文件夹 B/
    文件夹 C/
      file2. txt [目标文件]
    image2.jpg
    image3.jpg
```

在这个实现中，FileTreeNode 表示文件系统树形结构中的一个文件节点，包含名称、是否为目录以及子节点列表，它使文件系统通过树形结构进行表达，从而能对文件系统按照层级进行遍历操作。上述案例所采用的就是本章将要介绍的"树"这个数据结构，而所采用的对应遍历操作则是树的广度优先遍历。

4.2 树的概念

4.2.1 树的基本概念

前面所讲到的线性数据结构表达的是一种一对一的关系，例如队列中每个元素最多有一个直接前驱和一个直接后继。可是现实中，还有很多一对多的关系需要处理，这时就需要使用非线性数据结构。树（tree）就是一种典型的非线性数据结构，用于表示具有层次关系的数据集合。

1. 树的基本元素

图 4.2 所示为树的基本概念。

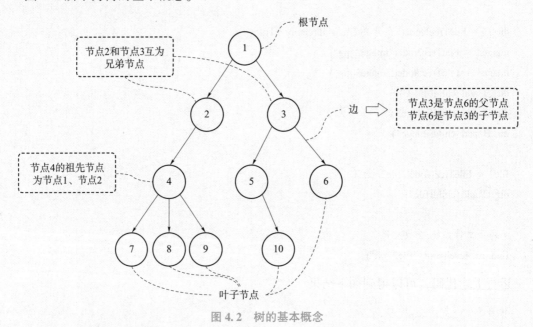

图 4.2　树的基本概念

树的基本组成元素如下。

（1）节点（node）：树中的每个元素被称为节点，节点一般包含一个数据元素及若干指向其他节点的指针信息。

（2）边（edge）：树中连接两个相邻节点的线称为边，树中的边是有向边。

2. 节点间的关系

在树中可以通过以下概念区分节点间的关系。

（1）父节点（parent）和子节点（child）：树中的有向边表达的是一对父子关系，其都是由父节点指向子节点。树中的每一个节点可以有零个或多个子节点，但是最多只能有一个父节点。

（2）兄弟节点（sibling）：同一个父节点的子节点之间互称兄弟节点。

（3）祖先节点（ancestor）：对于树中的任一节点，从根节点到该节点所经分支上的所有节点都是该节点的祖先节点。

3. 节点类型

也可以通过节点间的关系对节点分类，节点的主要类型如下。

（1）根节点（root）：树的顶部节点称为根节点，它是没有父节点的节点，也是整个树的起始点。

（2）叶子节点（leaf）：没有子节点的节点称为叶节点或叶子节点。叶子节点是树的末端节点。

（3）内部节点：既有父节点又有子节点的节点称为内部节点。

4. 树和节点的属性概念

为了更好地表达树及其节点的特征，这里还需要引入树和节点的属性概念，如图 4.3 所示。

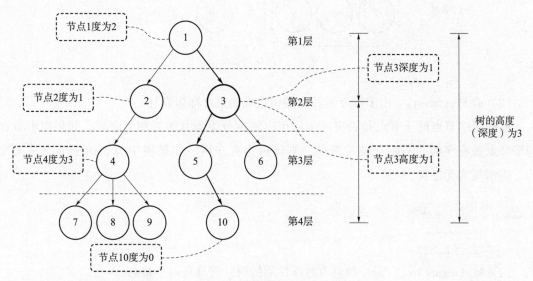

图 4.3 树和节点的属性概念

（1）度（degree）：一个节点拥有的子节点数称为度。很显然，叶子节点就是度为 0 的节点。

（2）层次（level）：树中每一层的节点集合称为层次。根节点在第一层，根节点的子节点在第二层，依此类推。

（3）深度（depth）：一个节点的深度是指从根节点到该节点的路径上的边的数量。

（4）高度（height）：一个节点的高度是指从该节点到最远叶子节点的路径上的边的数量。树的高度是树中所有节点的最大深度。

5. 树的其他相关概念

基于树的集合关系，还衍生出了其他关于树的相关概念。

（1）子树（subtree）：树中的任意节点及其所有子孙节点构成的集合称为子树，如图 4.4 所示。

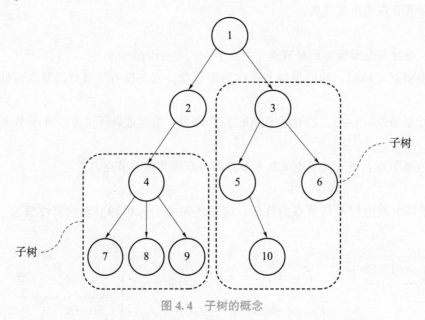

图 4.4　子树的概念

（2）森林（forest）：由多棵互不相交的树组成的集合称为森林。

根据树中节点的子节点是否有序，还可以将树分类为有序树和无序树。如果树中节点的子节点是有序的、不能互换位置的，则该树为有序树；如果树中节点的子节点是无序的，则该树为无序树。

4.2.2　二叉树的基本概念

1. 二叉树的定义

二叉树（binary tree）是一种具有特殊性质的树，它具有以下特点。

（1）二叉树要求每个节点最多有两个子节点，因此二叉树中不存在度大于 2 的节点。可见，在二叉树中，度的取值范围是 0、1、2。

（2）二叉树是有序树，即每个节点的左节点和右节点是有顺序的，顺序不能颠倒。

如图 4.5 所示，若视树 1 的节点 1 为父节点，则其左子节点和右子节点分别为节点 2 和节点 3，其左子树是节点 2 及其以下子孙节点形成的树，其右子树为节点 5 及其以下子孙节点形成的树。对比树 1 和树 2，虽然两棵树的节点数和节点值一致，但是树 1 中节点 10 位于父节点 5 的左子节点位置，树 2 中节点 10 位于父节点 5 的右子节点位置，因此树 1 和树 2 是不一样的。

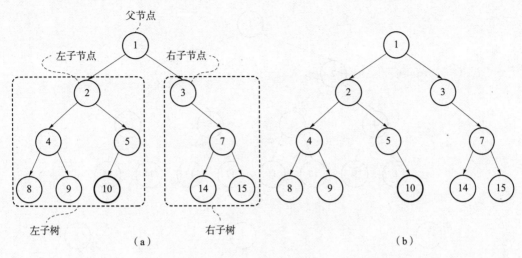

图 4.5　二叉树示例

（a）树 1；（b）树 2

2. 特殊的二叉树

（1）斜树：是指一种不平衡的二叉树，其中每个节点只有一个子节点，且每个子节点的位置都一样。根据节点的位置，斜树可以分为左斜树和右斜树两种类型。斜树示例如图 4.6 所示。

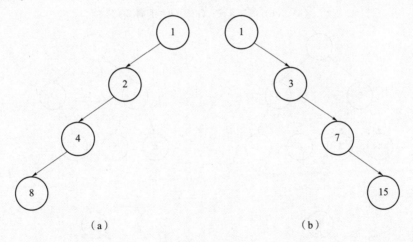

图 4.6　斜树示例

（a）左斜树；（b）右斜树

（2）满二叉树：是指每个节点要么没有子节点，要么有两个子节点的二叉树。在满二叉树中，所有叶子节点都在同一层次上。满二叉树和非满二叉树示例如图 4.7 所示。

（3）完全二叉树：是指除了最后一层之外，每一层都被完全填充，并且所有节点都尽可能靠左对齐的二叉树。在完全二叉树中，叶子节点只能出现在最底层和次底层。完全二叉树和非完全二叉树示例如图 4.8 所示。

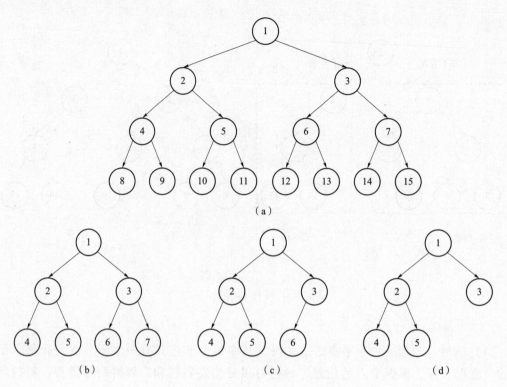

图 4.7　满二叉树和非满二叉树示例
（a），（b）满二叉树；（c），（d）非满二叉树

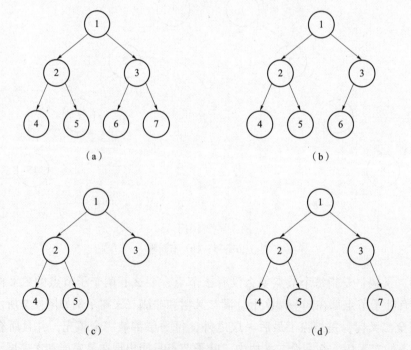

图 4.8　完全二叉树和非完全二叉树示例
（a）～（c）完全二叉树；（d）非完全二叉树

除了上述几种二叉树外，具备特殊性质的二叉树还有很多，例如二叉搜索树、平衡二叉树、红黑树等。这些特殊的二叉树在某些特殊的场景，如数据库索引、编译器中会起到很大的作用，后续章节会继续介绍。

3. 二叉树的性质

二叉树有很多常见的基本特性，理解这些特性有助于快速地解决某些问题。

（1）任意二叉树的第 i 层上最多只有 2^{i-1} 个节点（$i \geq 1$）。

可以结合图 4.7，并通过归纳法得出这个结论。

设 $i=1$，即第一层是根节点，则最多有 $1 = 2^{1-1} = 2^0$ 个节点。

设 $i=2$，最多有 $1 = 2^{2-1} = 2^1$ 个节点。

设 $i=3$，最多有 $1 = 2^{3-1} = 2^2$ 个节点。

设 $i=4$，最多有 $1 = 2^{4-1} = 2^3$ 个节点。

……

因此，可以得出在第 i 层上最多只有 2^{i-1} 个节点。

（2）高度为 n 的树最多只能有 $2^{n+1} - 1$ 个节点（$n \geq 0$）。

可以结合图 4.6，并通过归纳法得出这个结论。

设 $n=0$，则该树只有 1 层，只有 1 个节点，即 $1 = 2^{0+1} - 1 = 2^1 - 1$。

设 $n=1$，则该树只有 2 层，只有 3 个节点，即 $3 = 2^{1+1} - 1 = 2^2 - 1$。

设 $n=2$，则该树只有 3 层，只有 7 个节点，即 $7 = 2^{2+1} - 1 = 2^3 - 1$。

设 $n=3$，则该树只有 4 层，只有 15 个节点，即 $15 = 2^{3+1} - 1 = 2^4 - 1$。

……

因此，高度为 n 的树，即层数为 $n+1$ 的树最多只能有 $2^{n+1} - 1$ 个节点。也就是说，若某棵树有 m 层，则该树最多只能有 $2^m - 1$ 个节点。

4.3 二叉树的实现及基本操作

4.3.1 二叉树节点定义

二叉树的基本单元是节点，每个二叉树节点最多有两个子节点，因此参考链表节点定义，可以设计每个节点包含一个数据属性和两个指针属性，两个指针属性分别指向左、右节点。通过 Python 类定义二叉树节点，其代码如下。

```python
class TreeNode:
    def __init__(self, data=None):
        self.data = data      # 数据属性,存储节点的数据
        self.left = None      # 指针属性,指向左子节点的引用
        self.right = None     # 指针属性,指向右子节点的引用
```

按照上述定义构建的二叉树将具备链式存储结构,因此称之为"二叉链表"。当然,还可以基于此定义拓展出通用的二叉树节点,只需增加对应所需指向子节点的指针属性即可。

4.3.2　二叉树的操作

1. 构建二叉树

基于前面定义的 TreeNode 二叉树节点,可以使用以下代码创建一个二叉树。

```
# 构建二叉树节点
node_a = TreeNode(' A' )
node_b = TreeNode(' B' )
node_c = TreeNode(' C' )
node_d = TreeNode(' D' )
node_e = TreeNode(' E' )


# 构建节点之间的链接关系
node_a. left = node_b
node_a. right = node_c
node_b. left = node_d
node_b. right = node_e
```

上述代码先初始化所有二叉树节点,然后通过指针域构建节点间的连接关系,所创建的二叉树如图 4.9 所示。

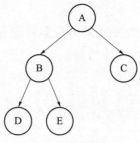

图 4.9　初始化二叉树

2. 插入和删除二叉树节点

与在链表中插入和删除节点一样,在二叉树中插入和删除节点,本质上也是进行指针域的计算。以下是在前述初始化后的二叉树中插入和删除节点的示例代码。

```
# 往节点 A 左子节点插入节点 F
node_f = TreeNode(' F' )
node_f. left = node_a. left
node_a. left = node_f
# 往节点 F 右子节点插入节点 G
node_g = TreeNode(' G' )
```

```
node_g. right = node_f. right
node_f. right = node_g
# 删除节点 B (包括其所有子树)
node_f. left = None
```

　　上述代码依次在节点中插入节点 F、节点 G，并删除节点 B，其过程如图 4.10 所示。值得注意的是，上述删除节点操作是删除该节点及其对应的子树，这是一种常规实现方式，在现实场景中有时也会根据实际需求要求保留其中某个子节点，这时就不能简单地设置为 None，应根据实际需求修改相应指针域，具体实现这里不做赘述。

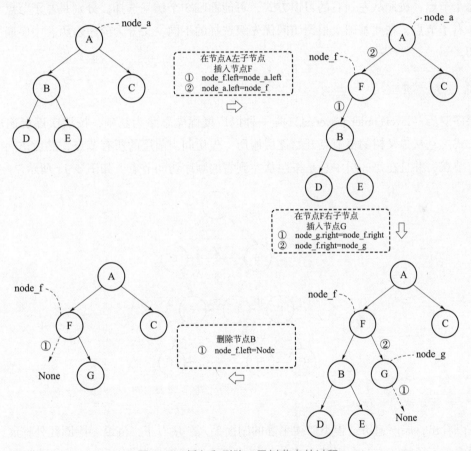

图 4.10　插入和删除二叉树节点的过程

4.4　二叉树的遍历

4.4.1　二叉树遍历的概念

　　前面章节所讲述的队列、数组、链表等线性数据结构从逻辑上来看是一种连续、有序的结构，每个节点都有唯一的前驱节点和后继节点，因此其遍历只需逐个访问节点即可。然而，树是一种非线性数据结构。以二叉树为例，其每个节点不存在唯一的前驱和后继关系，在访问一个节点后，下一个被访问的节点面临不同的选择，这使遍历树更加复杂。

二叉树的遍历是指从根节点出发，按照某种次序依次访问二叉树中的所有节点。这里所说的"某种次序"，一般分为两种策略。

（1）广度优先（breadth-first）策略：依据二叉树的层次，总是优先遍历层次低的节点，也称为层次遍历。

（2）深度优先（Deepth-First Search）策略：总是沿着二叉树的深度尽可能远地遍历，对于每个节点，按照从左到右的习惯方式，可能面临 3 个访问选择，分别是左子节点、当前节点、右子节点，在此基础上根据访问优先级选择的不同，又分为前序遍历、中序遍历和后序遍历。

4.4.2　广度优先遍历

层序遍历（level-order traversal）是一种以广度优先思路为基础，按层次逐层遍历二叉树的方式。它从二叉树的根节点开始逐层遍历，先访问当前层的所有节点，然后访问下一层的所有节点，并且在每一层中总是按照从左到右的顺序访问节点，如图 4.11 所示。

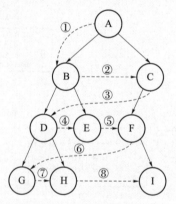

图 4.11　二叉树的层序遍历过程

可以看出，层序遍历过程类似往平静的湖面丢入一块石子，涟漪一圈圈往外扩展，而在二叉树中，石子的落点就在根节点上。层序遍历中逐层遍历的规则和前面所讲队列"先进先出"规则所体现的思想一致，因此可以借助队列实现二叉树的层序遍历，其实现代码如下。

```
from collections import deque

def level_order_traversal(root):
    """

        层序遍历
```

```
        :param root: 二叉树根节点
        :return: 遍历结果
        """
        if not root:
            return []


        result = []                          # 存储最后遍历结果
        queue = deque([root])                # 初始化队列,加入根节点
        while queue:
            node = queue. popleft()          # 队头元素出队
            result. append(node. data)       # 保存当前队头元素值
            # 依次将当前队头元素的左子节点、右子节点元素入队。
            if node. left:
                queue. append(node. left)
            if node. right:
                queue. append(node. right)
        return result
```

使用上述定义的层序遍历方法对图 4.11 所示二叉树执行层序遍历，代码如下。

```
# 构建二叉树
node_a = TreeNode(' A' )
node_b = TreeNode(' B' )
node_c = TreeNode(' C' )
node_d = TreeNode(' D' )
node_e = TreeNode(' E' )
node_f = TreeNode(' F' )
node_g = TreeNode(' G' )
node_h = TreeNode(' H' )
node_i = TreeNode(' I' )
node_a. left = node_b
node_a. right = node_c
node_b. left = node_d
node_b. right = node_e
node_c. left = node_f
node_d. left = node_g
node_d. right = node_h
node_f. right = node_i

# 层序遍历
result = level_order_traversal(node_a)
print(result)
```

执行结果如下。

['A', 'B', 'C', 'D', 'E', 'F', 'G', 'H', 'I']

层序遍历执行过程中对应的队列变化如图 4.12 所示。

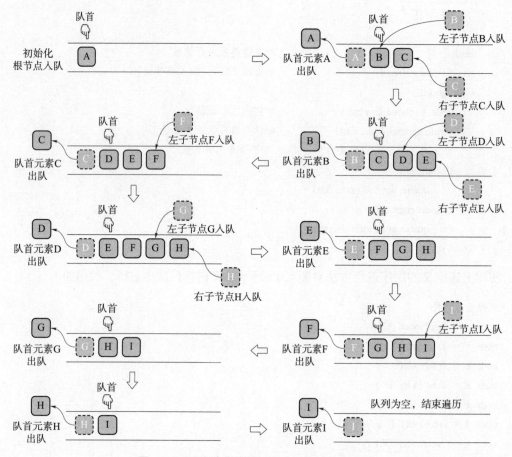

图 4.12　层序遍历执行过程中对应的队列变化

可以看出，层序遍历中所有节点仅被访问一次，整体的时间复杂度为 $O(n)$，n 表示二叉树节点数。空间复杂度主要体现在队列中存在的节点数，当二叉树是满二叉树且遍历到最后一层前时，处于空间复杂度最差的情况，此时队列中存在 $n/2+1$ 个节点，因此空间复杂度为 $O(n)$。

4.4.3　深度优先遍历

要理解深度优先遍历，就要分别理解"深度优先搜索"（deep-first search）和"遍历顺序"。以二叉树为例，所谓深度优先搜索，其原理就是按照以下条件对二叉树进行探索。

（1）从二叉树的根节点开始，尽可能往最深处探索。

（2）对于任意节点，总是先往左子树探索，再往右子树探索。

如图 4.13 所示，按照上述条件的探索路径就像围着二叉树的边界绕了一圈。

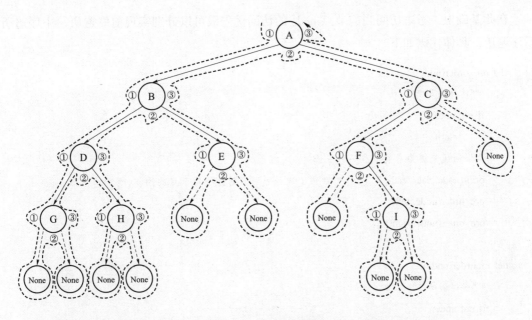

① 表示第1次经过节点时访问该节点（前序遍历），对应节点访问顺序：A，B，D，G，H，E，C，F，I
② 表示第2次经过节点时访问该节点（中序遍历），对应节点访问顺序：G，D，H，B，E，A，F，I，C
③ 表示第3次经过节点时访问该节点（后续遍历），对应节点访问顺序：G，H，D，E，B，I，F，C，A

图 4.13 深度优先遍历示意

对于二叉树中的任意节点，探索过程都会经过该节点 3 次，根据实际访问节点时机所对应的遍历顺序，又可以把深度优先遍历分为以下类型。

（1）前序遍历（pre-order traversal）：第 1 次经过节点时访问该节点，即对于任意节点，访问优先级为当前节点-> 左子树 -> 右子树。

（2）中序遍历（in-order traversal）：第 2 次经过节点时访问该节点，即对于任意节点，访问优先级为左子树->当前节点-> 右子树。

（3）后序遍历（post-order traversal）：第 3 次经过节点时访问该节点，即对于任意节点，访问优先级为左子树 -> 右子树 -> 当前节点。

深度优先遍历通常采用递归方式，基本代码框架如下。

```
def dfs(node):
    """深度优先遍历基本框架"""
    if not node:              # 递归停止条件
        return
    # 此处为第 1 次经过节点 node,即将遍历左子树
    dfs(node. left)           # 递归遍历左子树
    # 此处为第 2 次经过节点 node,此时已遍历完左子树,即将遍历右子树
    dfs(node. right)          # 递归遍历右子树
    # 此处为第 3 次经过节点 node,此时已遍历完左、右子树
```

在此基础上，考虑访问当前节点 node 的访问优先级可以分别实现前序遍历、中序遍历、后序遍历，具体代码如下。

```python
def pre_order(node):
    """前序遍历"""
    if not node:
        return
    # 访问优先级为当前节点 -> 左子树 -> 右子树
    print(node.data, end=" ")        # 第 1 次经过节点时执行对节点的操作,例如输出节点值
    pre_order(node.left)
    pre_order(node.right)


def in_order(node):
    """中序遍历"""
    if not node:
        return
    # 访问优先级为左子树 -> 当前节点 -> 右子树
    in_order(node.left)
    print(node.data, end=" ")        # 第 2 次经过节点时执行对节点的操作,例如输出节点值
    in_order(node.right)


def post_order(node):
    """后序遍历"""
    if not node:
        return
    # 访问优先级为左子树 -> 右子树 -> 当前节点
    post_order(node.left)
    post_order(node.right)
    print(node.data, end=" ")        # 第 3 次经过节点时执行对节点的操作,例如输出节点值
```

构建图 4.12 所示的二叉树，分别采用不同的遍历方法对该二叉树进行遍历。代码如下。

```python
# 构建二叉树
node_a = TreeNode('A')
node_b = TreeNode('B')
node_c = TreeNode('C')
node_d = TreeNode('D')
node_e = TreeNode('E')
node_f = TreeNode('F')
```

```
node_g = TreeNode(' G' )
node_h = TreeNode(' H' )
node_i = TreeNode(' I' )
node_a. left = node_b
node_a. right = node_c
node_b. left = node_d
node_b. right = node_e
node_c. left = node_f
node_d. left = node_g
node_d. right = node_h
node_f. right = node_i


print("前序遍历节点访问顺序:", end="")
pre_order(node_a)  # 对二叉树进行前序遍历
print("\n 中序遍历节点访问顺序:", end="")
in_order(node_a)  # 对二叉树进行中序遍历
print("\n 后序遍历节点访问顺序:", end="")
post_order(node_a)  # 对二叉树进行后序遍历
```

上述代码的执行结果如下。

```
前序遍历节点访问顺序:A B D G H E C F I
中序遍历节点访问顺序:G D H B E A F I C
后序遍历节点访问顺序:G H D E B I F C A
```

在深度优先遍历的递归实现中，每个节点都会被访问一次。因此，时间复杂度取决于节点数 n，于是时间复杂度是 $O(n)$。递归调用会使用系统栈空间，每次递归都会压入一个新的栈帧，直到遍历到最深的节点后才开始回溯。因此，空间复杂度主要取决于递归调用的最大深度。对于节点数为 n 的二叉树，最好情况是二叉树为完全二叉树，其空间复杂度为 $O(\lg n)$；最坏情况是二叉树为斜树，此时递归调用的最大深度等于节点数，其空间复杂度是 $O(n)$。

深度优先遍历除了可以使用上述递归方式实现，还可以使用栈的迭代实现。在实际应用中，递归实现通常更简洁，但可能面临栈溢出的问题。栈的迭代实现则可以通过显式地使用栈来控制空间复杂度。深度优先遍历的空间复杂度在最坏情况下与二叉树深度成正比，因此在处理非常深的二叉树时，需要谨慎选择遍历方式以避免栈溢出。

4.5 二叉树的应用

二叉树在计算机科学和实际工程中有许多重要的应用，其灵活的结构和高效的性能使它成为处理各种问题的有力工具。以下是一些二叉树的实际应用场景。

（1）文件系统：许多操作系统使用树形结构来组织文件系统。文件和文件夹可以表示为树的节点，而文件夹之间的嵌套关系形成了树的结构。

（2）数据库索引：数据库系统中经常使用二叉树或其变种（如 B 树、B+树）来实现索引结构，以提高数据的检索效率。

（3）编译器中的语法树：在编译器中，源代码通常被解析为语法树，其中每个节点代表源代码的一个结构元素。语法树的结构通常是二叉树。

（4）表达式树：数学表达式或布尔表达式可以用二叉树表示。这种结构在计算表达式的值时很有用。

（5）网络路由表：路由表用于存储网络路由信息，常常使用二叉树或前缀树（trie）等数据结构来实现，以快速查找最优路径。

（6）哈夫曼树（Huffman tree）：用于数据压缩，通过构建具有不同权重的二叉树来实现最优编码。

（7）游戏中的行为树：在游戏开发中，行为树（behavior tree）常用于描述游戏角色的决策逻辑。行为树本质上是二叉树。

（8）决策树：决策树是一种用于分类和回归问题的监督学习算法。决策树可以视为一个特殊的二叉树，其中每个节点表示一个特征或属性。

（9）哈希表中的平衡树：在一些哈希表的实现中，为了解决哈希冲突，可以使用平衡树（如 AVL 树、红黑树）存储具有相同哈希值的元素。

以只是二叉树在计算机科学应用中的冰山一角。由于其简单而灵活的结构，二叉树在解决各种问题时提供了高效的数据组织和查找机制。

4.6 小结与习题

4.6.1 小结

本章深入探讨了数据结构中的树——从树的基本概念到二叉树的实现及相应操作。本章的要点如下。

（1）树的概念：树是一种层次结构，由节点和边组成，每个节点有一个父节点和零个或多个子节点。树的顶部是根节点，没有父节点，而树的末端节点称为叶子节点。

（2）二叉树的概念：二叉树是一种特殊的树结构，每个节点最多有两个子节点，分别称为左子节点和右子节点。二叉树的节点可以为空。

（3）二叉树的实现及基本操作：本章介绍了二叉树的节点结构和基本操作，包括构建二叉树、插入和删除二叉树节点。通过这些操作，可以在二叉树中执行数据的动态管理。

（4）二叉树的遍历：本章深入研究了遍历二叉树的两种方式，即广度优先遍历和深度优先遍历，其中深度优先遍历又可以分为前序遍历、中序遍历和后序遍历。这些遍历方式提供了不同的节点访问顺序，适用于不同的问题和应用场景。

通过学习本章内容，学生应对树这一数据结构有基本的认识，掌握二叉树的基本概念、实现和常见应用。深入理解二叉树的操作和遍历方式将在学生解决实际问题时提供有力的工具和思路。之后的章节将继续探讨更复杂的树结构及其算法应用。

4.6.2　习题

一、选择题

1. 在二叉树的前序遍历中，对于任意节点的访问顺序是（　　　　）。

A. 当前节点->右子树->左子树

B. 左子树->当前节点->右子树

C. 当前节点->左子树->右子树

D. 右子树->左子树->当前节点

2. 以下二叉树遍历方法采用广度优先策略的是（　　　　）。

A. 层序遍历　　　　B. 前序遍历　　　　C. 中序遍历　　　　D. 后序遍历

二、判断题

1. 二叉树的节点数为偶数时，一定存在一个节点具有两个子节点。　　　（　　　）

2. 在二叉树的遍历中，中序遍历得到的序列与前序遍历得到的序列相同。　　　（　　　）

3. 深度优先遍历和广度优先遍历的时间复杂度都是 $O(n)$，其中 n 是树或图的节点数。

（　　　）

三、填空题

1. 若已知一棵二叉树的前序遍历结果是 5、4、3、2、1、6，中序遍历结果是 3、4、5、1、2、6，则它的后序遍历结果是＿＿＿＿＿＿＿＿。

2. 若已知一棵二叉树的后序遍历结果是 F、C、A、E、D、B，中序遍历结果是 F、A、C、B、E、D，则它的前序遍历结果是＿＿＿＿＿＿＿＿＿＿＿＿＿＿。

4.7　实训任务

实训任务：企业组织结构

【题目描述】

企业组织结构通常以树的形式表示。每个节点代表一个部门，节点之间的关系形成了企业组织的层级结构。请完成以下任务。

（1）自定义企业组织结构树的节点。

（2）编写一个函数：输入任意部门名称，输出其直接下级部门名称。

4.8 课外拓展

拓展任务：基于栈实现二叉树的深度优先遍历

【任务描述】

在已经学习了二叉树深度优先遍历的基础上，尝试使用栈实现深度优先遍历算法。本任务将提供一个基本的代码框架，学生需要完成其中缺失的部分，理解并运用栈的概念，完成二叉树的深度优先遍历。

【任务步骤】

（1）理解深度优先遍历：回顾深度优先遍历算法，确保对其原理和步骤有清晰的理解。

（2）查看代码框架：仔细阅读本书提供的 Python 代码框架，其中包含一个简单的二叉树结构和一个使用栈的深度优先遍历函数。注意，其中有一些缺失的部分需要完成。

```python
class TreeNode:
    def __init__(self, value):
        self.value = value
        self.left = None
        self.right = None


def dfs_stack_traversal(root):
    if notroot:
        return []

    result = []
    stack = [root]

    while stack:
        node = stack.pop()
        result.append(node.value)

        # TODO: 在这里完成代码,将右子节点和左子节点按深度优先顺序压入栈


    return result

# 示例使用
# 构建一个二叉树
```

```
#          1
#        / \
#       2   3
#      / \
#     4   5
root = TreeNode(1)
root. left = TreeNode(2)
root. right = TreeNode(3)
root. left. left = TreeNode(4)
root. left. right = TreeNode(5)

dfs_result = dfs_stack_traversal(root)
print(dfs_result)
```

【提示】

① 栈的基本操作包括入栈（push）和出栈（pop）。

② 在深度优先遍历中，节点的访问顺序为根节点、右子节点、左子节点。

③ 使用栈模拟递归过程，确保每次弹出的节点符合深度优先遍历的顺序。

（3）完成代码：在注释提示的位置，根据深度优先遍历的规则，将右子节点和左子节点按照正确的顺序压入栈。

（4）运行测试：运行代码，查看深度优先遍历的结果是否符合预期。

（5）自主拓展：如果已经完成了基本任务，可以考虑如何应用深度优先遍历算法解决其他问题。例如，可以尝试在二叉树中查找特定的节点，或者实现其他与深度优先遍历相关的功能。

第 5 章

图

本章学习目标

本章旨在培养学生对图这一数据结构的全面理解，包括图的基本概念、图的分类以及与之相关的专业术语。学生将学习图的两种主要存储方式——邻接矩阵和邻接表，并掌握它们各自的优、缺点。通过对图的基本操作的学习，如添加和删除顶点与边，学生将能够对图进行有效的数据维护。此外，本章重点介绍了图的遍历算法，特别是广度优先遍历和深度优先遍历，这两种算法在解决实际问题中极为关键。学生不仅要理解这些算法的原理，还要学会如何将它们应用于解决如社交网络分析、交通网络优化等现实世界中的问题。

学习要点

- √ 图的定义
- √ 图的分类
- √ 图的存储结构
- √ 图的基本操作
- √ 图的遍历算法

5.1 案例：社交网络中的关系处理

5.1.1 案例描述

社交网络是指通过互联网或其他信息通信技术构建的、以人际关系为基础的社交结构。它是一种基于人际关系的社会网络，通过构建和维护人际关系，实现人与人之间的信息交流和资源共享。常见的社交网络包括微信、QQ、Facebook、Twitter、LinkedIn 等，它们已经成为人们日常生活中不可或缺的一部分。在社交网络中，每个人都有自己的账号和好友列表，通过这些好友可以进行信息的交流和共享，形成一个庞大的社交网络，如图 5.1 所示。假设有一个社交网络，其中每个人都有自己的账号和好友列表。思考如何解决以下问题。

（1）两个人是否为好友关系？

（2）两个人之间的关系紧密程度，即两个人的最短关系路径是多少？

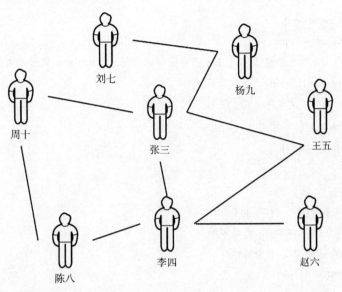

图 5.1　社交网络的简单示意

5.1.2　案例实现

需要定义一个 Person 类来表示每个人和他们的好友列表，并准备理论 Person 类构建社交网络。代码如下。

```
class Person:
    def __init__(self, name):
        self. name = name
        self. friends = []


    def add_friend(self, person):
        if person not in self. friends:
            self. friends. append(person)      # 当前对象的好友列表加上对方
            person. friends. append(self)      # 对方的好友列表也要加上当前对象
```

为了解决判断两人的好友关系的问题，需要定义一个函数来检查两个人是否为好友关系。代码如下。

```
def are_friends(person1, person2):
    """检查两个人是否为好友关系"""
    # 在两人互为好友的情况下,两者才算好友关系
    return person1 in person2. friends and person2 in person1. friends
```

为了判定两个人之间的关系紧密程度，需要定义一个函数来查找两个人之间的最短路径。代码如下。

```python
from collections import deque
def shortest_path(person1, person2):
    # 记录每个人是否已经被访问过, key 表示是否被访问过,value 表示通过谁来访问
    visited = {person1: None}
    # 使用队列进行广度优先遍历
    queue = deque()
    queue.append(person1)

    while queue:
        current_person = queue.popleft()
        # 如果找到了 person2,则返回路径
        if current_person == person2:
            path = []
            while current_person:
                path.append(current_person.name)
                current_person = visited[current_person]
            return path[::-1]

        for friend in current_person.friends:
            if friend not in visited:
                visited[friend] = current_person
                queue.append(friend)

    # 如果无法找到路径,则返回空列表
    return []
```

为了实现这个功能，在代码实现中引入广度优先遍历算法，关于图的广度优先遍历算法，本章后续将展开详细叙述。这里我尝试用以下代码进行测试。

```python
# 构建社交网络中的人
zhang_san = Person("张三")
li_si = Person("李四")
wang_wu = Person("王五")
zhao_liu = Person("赵六")
liu_qi = Person("刘七")
chen_ba = Person("陈八")
yang_jiu = Person("杨九")
```

```
zhou_shi = Person("周十")
# 构建设计网络中的关系
zhang_san. add_friend(li_si)
zhang_san. add_friend(wang_wu)
zhang_san. add_friend(yang_jiu)
zhang_san. add_friend(zhou_shi)
li_si. add_friend(wang_wu)
li_si. add_friend(zhao_liu)
li_si. add_friend(chen_ba)
yang_jiu. add_friend(liu_qi)
zhou_shi. add_friend(chen_ba)

is_friend = are_friends(wang_wu, li_si)
if is_friend:
    print("王五和李四是朋友")
else:
    print("王五和李四不是朋友")

relation_path = shortest_path(wang_wu, zhou_shi)
print("王五和周十之间的最短关系路径为:", relation_path)
```

测试代码的执行结果如下。

```
王五和李四是朋友
王五和周十之间的最短关系路径为: [ '王五', '张三', '周十' ]
```

上述测试代码中构建了图 5.1 所示的社交网络，从图中可以看出，"王五"和"周十"之间存在的关系路径有 4 条，但是通过引入图的广度优先遍历算法，可以正确地找到这些路径中的最短路径。

5.2 图的概念

5.2.1 图的定义

回顾前面所讲述的线性数据结构，元素之间是线性关系，每个元素只能有一个直接的前驱元素和一个直接的后继元素，即元素之间是"一对一"的关系。树的章节所介绍的数据结构具有层次关系，每个元素可能有多个子节点，但最多只有一个父节点，即树这种数据结构中元素之间是"一对多"的关系。在现实中，除了上述"一对一""一对多"的关系，更多时候需要考虑"多对多"的关系，如本章案例中所介绍的社交网络。

图（graph）是一种非线性数据结构，可以将图抽象为由一组有穷非空的顶点（vertex）集合和一组顶点之间边（edge）集合组合而成。图的表示方法为 $G = \{V, E\}$，其中 G 表示一个图，V 表示图 G 中所有顶点的集合，E 表示图 G 中所有边的集合。图 5.2 所示是一个包含 7 个顶点和 9 条边的图。

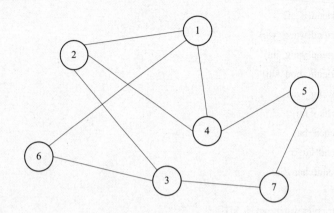

顶点集合 V={1, 2, 3, 4, 5, 6, 7}
边集合 V={（1，2），（1，4），（1，6），（2，3），（2，4），（3，6），（3，7），（4，5），（5，7）}
图 G={V, E}

图 5.2　图的示例

可以看出，相对线性数据结构和树形结构来说，图中任意的两个顶点都可能有关系，其逻辑自由度是最高的，因此也是最为复杂的。

5.2.2　图的分类与常用术语

1. 无向图和有向图
顶点之间的边根据有无方向可以分为两种类型。

（1）无向边：若图中顶点 V_x 和 V_y 之间的边是没有方向的，或者说是具有双向连接关系，则这样的边称为无向边。无向边用无序偶对（V_x, V_y）表示。如果图中任意的边都是无向边，则称该图为无向图（undirected graph）。例如，微信中体现用户之间好友关系的图就是无向图。

（2）有向边：若图中顶点 V_x 到 V_y 之间的边是有方向的，则称该边为有向边，也称为弧（arc）。有向边用有序偶对<V_x,V_y>表示，其中 V_x 表示弧尾，V_y 表示弧头。如果图中任意的边都是有向边，则称该图为有向图（directed graph）。例如，微博中体现关注与被关注关系的图就是有向图，关注与被关注都是有方向性的，且关注与被关注互相独立。

如图 5.3 所示，图 5.3（a）所示图的边都是无向边，所以它为无向图；图 5.3（b）所示图的边都具有方向，所以它为有向图。

在无向图中，如果任意的两个顶点之间都存在边，则称该图为无向完全图，如图 5.4（a）所示。在有向图中，如果任意两个顶点之间都存在方向相反的两条边，则称该图为有向完全图，如图 5.4（b）所示。

2. 路径
在图中，路径（path）是指通过图的边从一个顶点到另一个顶点的顶点序列，序列中任意

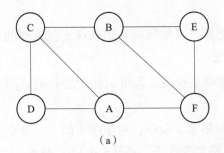 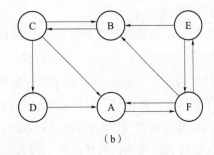

图 5.3 无向图和有向图示例

（a）无向图；（b）有向图

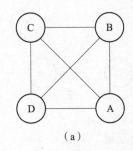 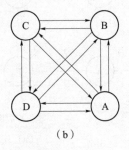

图 5.4 无向完全图和有向完全图示例

（a）无向完全图；（b）有向完全图

相邻的两个顶点都由边直接相连。路径在逻辑上可以表示为，对于任意图 $G=\{V, E\}$（其中 V 是顶点集合，E 是边集合），若图中 V_1 到 V_m 的路径 P 为顶点序列 $(V_1, V_2, V_3, \cdots, V_m)$，那么对于任意 $1 \leq i < m$，边 (V_i, V_{i+1}) 都属于 E。路径的长度是指路径上边的数量，即 $m-1$。

需要特别注意的是，由于边是分为有向边和无向边的，所以对于有向图，需要考虑边的方向。同时，如果路径中的顶点都是不同的，那么路径就是简单路径。如果路径中存在相同的顶点，那么称路径中存在回路或者环（cycle）。本书后续如无特殊约定，提到的路径都是简单路径。

如图 5.5 所示，不管是有向图还是无向图，图中顶点与顶点之间的路径并不是唯一的。如果不限制简单路径，则图中的顶点 1 到顶点 4 还可以有 {1, 2, 3, 1, 4} 等其他闭合路径。

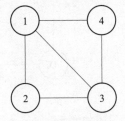 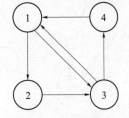

顶点1到顶点4的路径：
路径1：{1, 4}
路径2：{1, 3, 4}
路径3：{1, 2, 3, 4}

顶点1到顶点4的路径：
路径1：{1, 3, 4}
路径2：{1, 2, 3, 4}

图 5.5 图的简单路径示例

3. 连通图和非连通图

如果在任意的图中对于顶点 V_x 到顶点 V_y 存在路径，则称顶点 V_x 到顶点 V_y 是连通的。根据图中所有的顶点是否连通，可以对图进行以下分类。

（1）连通图（connected graph）：从图中的任意顶点出发，都可以找到路径到达图中的其余任意顶点，则称该图是连通图，如图 5.6（a）所示。

（2）非连通图（disconnected graph）：与连通图的定义相反，对于图中的某一顶点，若存在无法找到路径到达的其他任一顶点，则称该图是非连通图，如图 5.6（b）所示。

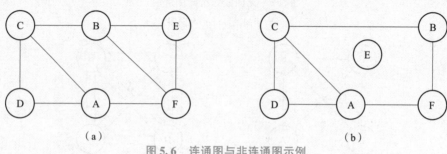

图 5.6　连通图与非连通图示例

（a）连通图；（b）非连通图

4. 无权图和有权图

如果图的边有与之相关的数据，则这些数据称为权重（weight）。边的权重一般用于表示顶点之间的信息，例如两个顶点之间的距离或者移动耗时。边上无权重的图称为无权图，边上有权重的图称为有权图，也称为网（network）。图 5.7 所示为某地图中北京、上海、广州、深圳四地的路网信息，边上的权重表示两地的距离。

5. 度

度（degree）用于表示与顶点关联的边数。对于无向图，与顶点连接的边数叫作该顶点的度。有向图顶点的度区分入度（in degree）和出度（out degree）。入度表示指向顶点的边数，出度表示从该顶点出发的边数，如图 5.8 所示。

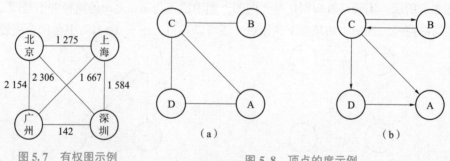

图 5.7　有权图示例

图 5.8　顶点的度示例

（a）顶点 C 的度为 3；（b）顶点 C 的出度为 3，入度为 1

6. 邻接

当图中两顶点之间存在边相连时，称这两个顶点邻接（adjacency）。要注意邻接与连通的区别，邻接表达的是两个顶点之间存在直接相连的边。如图 5.8（a）所示，顶点 C 的邻接节点有 A、B、D；节点 B 和节点 D 连通，但是不邻接。

5.3　图的实现及基本操作

5.3.1　图的实现

图在逻辑定义上更加自由，它不像线性数据结构那样有严格的先后顺序，也不像树那样有父子关系和左、右子节点的概念。严格来说，图上的任意一个顶点都可以作为图的起始顶点，任意两个顶点之间都可能存在邻接关系，且任一顶点的邻接顶点不存在次序关系。前面所展示的所有图，其实只是一种逻辑表现形式，同一个图可以有不同的逻辑表现形式。图 5.9 所示的 4 个图本质上是同一个图，其区别仅是调整了顶点的位置。

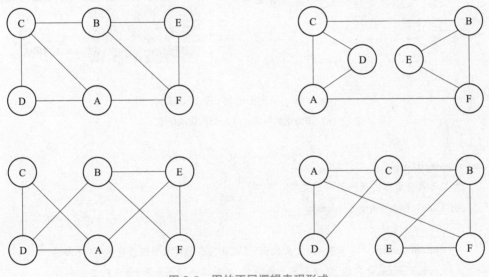

图 5.9　图的不同逻辑表现形式

因此，如何在物理存储层面将这些逻辑表达形式统一起来，并且能够让计算机识别就成为棘手的问题。可见，图的存储结构设计比线性数据结构和树更加复杂。图常见的构建方式包括邻接矩阵和邻接表。

1. 邻接矩阵

图的邻接矩阵（adjacency matrix）是用一个 $n×n$ 二维数组来存储图中边的信息，其中 n 表示图中的顶点数。矩阵中的每个元素表示边，可以采用 1 或者 0 表示两个顶点之间是否存在边。

图 5.10 所示为一个无向图的邻接矩阵定义，从图 5.10（b）所示的物理存储可以看到，由于邻接矩阵 M 只存储边信息，所以为了完整表示图，还需要另外一个数组 V 存储顶点信息。在矩阵 M 中，以 M[2][5]＝1 为例，其表达的是顶点列表 V 中顶点 V[2] 到顶点 V[5]

存在边，即顶点 B 到顶点 F 存在有向边。邻接矩阵中比较特殊的是，矩阵 M 的主对角线上的元素全是 0，这是因为图中不存在顶点到自身的边。同时，由于上述邻接矩阵表示的是无向图，所以边是双向关系。因此，当 M[2][5] 为 1 时，M[5][2] 也为 1，依此类推，可以看到有向图中邻接矩阵的元素是以主对角线称对称的。如果将上述邻接矩阵的 1 和 0 替换为权重，则可以表示有权图。为了简单起见，以图 5.10 所示的无向图为例，可以使用以下代码实现基于邻接矩阵的无向图类。

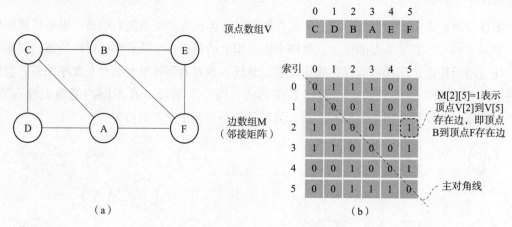

图 5.10　无向图的邻接矩阵定义
（a）图的逻辑形式；（b）图的物理存储

```python
class AdjMatrixGraph:
    """基于邻接矩阵实现的无向图类"""
    def __init__(self, vertices, edges):
        """ 构造方法
        :param vertices:  顶点数组,元素代表"顶点值",索引代表邻接矩阵的"顶点索引"
        :param edges: 边数组,每个元素也为数组,存储两个顶点索引,代表一条无向边
        """
        self. vertices = vertices
        vertex_num = self. get_vertex_num()
        self. adj_matrix = [[0] *  vertex_num for _ in range(vertex_num)]
        for edge in edges:
            self. add_edge(edge[0], edge[1])

    def get_vertex_num(self):
        # 获取顶点数组大小
        return len(self. vertices)

    def add_edge(self, v1, v2):
```

```
        # 无向图,将沿着主对角线对称的两个顶点之间边的权重设为 1
        self. adj_matrix[v1][v2] = 1
        self. adj_matrix[v2][v1] = 1


    def display(self):
        """打印邻接矩阵信息"""
        print("顶点数组为:", self. vertices)
        print("邻接矩阵为:")
        for row in self. adj_matrix:
            print(row)
```

采用以下代码测试构建图 5.10 所示的无向图。

```
vertices = ['C', 'D', 'B', 'A', 'E', 'F']
# 解释:[0, 1] 表示 vertices[0]到 vertices[1],即顶点 C 到顶点 D 存在边
edges = [[0, 1], [0, 2], [0, 3], [1, 3], [2, 4], [2, 5], [3, 5], [4, 5]]
graph = AdjMatrixGraph(vertices, edges)
graph. display()
```

执行结果如下。

```
顶点数组为: ['C', 'D', 'B', 'A', 'E', 'F']
邻接矩阵为:
[0, 1, 1, 1, 0, 0]
[1, 0, 0, 1, 0, 0]
[1, 0, 0, 0, 1, 1]
[1, 1, 0, 0, 0, 1]
[0, 0, 1, 0, 0, 1]
[0, 0, 1, 1, 1, 0]
```

对于顶点数为 n 的图，使用邻接矩阵时空间复杂度都为 $O(n^2)$，在边数相对顶点数较少的图中，邻接矩阵这种存储结构会造成极大的存储空间浪费。

2. 邻接表

图的邻接表（adjacency list）是一种数组和链表相结合的存储结构。对于顶点数为 n 的图，其邻接表的实现主要包括两个部分。

（1）顶点数组：一个数组，其中每个元素对应图中的一个顶点，且每个顶点保存一个指向其邻接顶点链表的引用。

（2）邻接链表：n 个链表，每个链表对应一个顶点的所有邻接顶点。链表节点的信息包含邻接顶点的信息，例如邻接顶点的权重或者标识符。

图 5.11 所示为一个无向图的邻接表的定义。

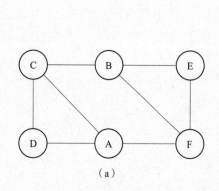
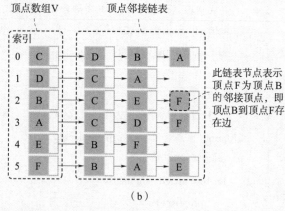

图 5.11　无向图的邻接表的定义

（a）图的逻辑形式；（b）图的物理存储

如图 5.11 所示，使用了一个顶点数组 V 表示该图的 6 个顶点，并使用了 6 个链表存储每个顶点的所有邻接顶点。每个邻接链表中的节点存储了该对应邻接顶点在顶点数组中的索引。要实现邻接表，需要先定义一个顶点类 Vertex。代码如下。

```
class Vertex:
    """图的顶点类"""
    def __init__(self, data):
        # 可以存储其他额外信息,这里只存储顶点标识符
        self. data = data
```

要实现图 5.10 所示的基于邻接表的无向图，本质上可以单纯使用字符串表示顶点信息。在邻接表中使用顶点类 Vertex 的原因主要如下。

（1）图 5.10 中的 A、B、C 本身只是顶点的标识符，就与人的名字一样，可能存在相同的情况，通过 Vertex 类实例化的顶点具有唯一性，可以避免出现相同标识符的情况。

（2）邻接表中顶点可能附带其他属性信息，例如权重，使用类实现方便扩展。

可以使用以下代码实现基于邻接表的无向图类。

```
class AdjListGraph:
    """基于邻接表实现的无向图类"""
    def __init__(self, edges):
        # 使用字典,用于存储顶点(key)和其邻接链表(value)的关系
        self. adj_list = {}
        # 初始化添加所有边
        for edge in edges:
            self. add_edge(edge[0], edge[1])

    def add_edge(self, v1, v2):
```

```
        if v1 not in self. adj_list:
            self. adj_list[v1] = []
        if v2 not in self. adj_list:
            self. adj_list[v2] = []
        # 添加无向边,需要在 v1 和 v2 对应的链表中都添加
        self. adj_list[v1]. append(v2)
        self. adj_list[v2]. append(v1)

    def display(self):
        """打印邻接表信息"""
        for vertex, neighbors in self. adj_list. items():
            print(f"{vertex. data} -> {' -> ' . join(map(lambda v:v. data, neighbors))}")
```

可以看到具体实现中邻接表 adj_list 使用字典存储顶点和其邻接链表的关系,字典的 key 就是顶点实例,value 就是邻接顶点列表。选择这样的数据结构的主要原因如下。

(1) 邻接表中的顶点并没有顺序要求,因此使用字典 key 并不会影响对图的表达。

(2) 邻接链表使用数组存储可以简化代码,方便后续进行边的操作。

采用以下代码测试构建图 5.11 所示的无向图。

```
v_c = Vertex("C")
v_d = Vertex("D")
v_b = Vertex("B")
v_a = Vertex("A")
v_e = Vertex("E")
v_f = Vertex("F")

edges = [[v_c, v_a], [v_c, v_d], [v_c, v_b], [v_d, v_a],
         [v_b, v_e], [v_b, v_f], [v_a, v_f], [v_e, v_f]]
graph = AdjListGraph(edges)
graph. display()
```

执行结果如下。

```
C -> A -> D -> B
A -> C -> D -> F
D -> C -> A
B -> C -> E -> F
E -> B -> F
F -> B -> A -> E
```

5.3.2 图的基本操作

图由顶点和边组成，因此图的基本操作可以分为顶点和边的操作，具体包括添加边、删除边、添加顶点、删除顶点。下面讨论在邻接矩阵和邻接表两种图的实现方式下图的基本操作实现。

1. 基于邻接矩阵的图的基本操作

对前面使用邻接矩阵实现的无向图类 AdjMatrixGraph 进行优化扩展，添加对应的图的基本操作实现，完整代码如下。

```python
class AdjMatrixGraph:
    """基于邻接矩阵的无向图类"""
    def __init__(self, vertices, edges):
        """ 构造方法
        :param vertices:  顶点数组,元素代表"顶点值",索引代表邻接矩阵的"顶点索引"
        :param edges: 边数组,每个元素也为数组,存储两个顶点索引,代表一条无向边
        """
        self.vertices = vertices
        vertex_num = self.get_vertex_num()
        self.adj_matrix = [[0] * vertex_num for _ in range(vertex_num)]
        for edge in edges:
            self.add_edge(edge[0], edge[1])

    def get_vertex_num(self):
        # 获取顶点数组大小
        return len(self.vertices)

    def check_index(self, v):
        # 合法性校验,主要检查索引是否数组越界
        if v < 0 or v >= self.get_vertex_num():
            raise Exception("下标{}不合法".format(v))

    def add_edge(self, v1, v2):
        """添加边"""
        # 索引合法性校验
        self.check_index(v1)
        self.check_index(v2)
        # 无向图,将沿着主对角线对称的两个顶点之间的边的权重设置为1
        self.adj_matrix[v1][v2] = 1
        self.adj_matrix[v2][v1] = 1
```

```python
def remove_edge(self, v1, v2):
    """删除边"""
    # 索引合法性校验
    self.check_index(v1)
    self.check_index(v2)
    # 无向图, 将沿着主对角线对称的两个顶点之间的边的权重设置为 0
    self.adj_matrix[v1][v2] = 0
    self.adj_matrix[v2][v1] = 0


def has_edge(self, v1, v2):
    """v1, v2 之间是否存在边"""
    # 若为有向图, 还需检查 self.adj_matrix[v2][v1] == 1
    return self.adj_matrix[v1][v2] == 1


def add_vertex(self, val):
    """添加顶点"""
    # 在顶点数组中添加新的顶点值
    self.vertices.append(val)
    # 邻接矩阵添加一列
    for row in self.adj_matrix:
        row.append(0)
    # 邻接矩阵添加一行
    self.adj_matrix.append([0] * self.get_vertex_num())


def remove_vertex(self, v):
    """添加顶点
    :param v: 对应要删除顶点在数组中的索引值
    """
    # 索引合法性校验
    self.check_index(v)
    # 在顶点数组中删除指定顶点
    del self.vertices[v]
    # 邻接矩阵删除指定行
    del self.adj_matrix[v]
    # 邻接矩阵删除指定列
    for row in self.adj_matrix:
        del row[v]


def get_neighbor_vertex_list(self, vertex):
    """获取指定顶点的所有邻接顶点列表"""
```

```
            index = self. vertices. index(vertex)   # 将顶点信息转化为位置信息
            vertex_num = self. get_vertex_num()
            return [self. vertices[tmp] for tmp in range(vertex_num) if self. adj_matrix[index][tmp] = = 1]


    def display(self):
        """打印邻接矩阵信息"""
        print("顶点数组为 :", self. vertices)
        print("邻接矩阵为 :")
        for row in self. adj_matrix:
            print(row)
```

采用以下代码进行测试。

```
vertices = ['C', 'D', 'B', 'A', 'E', 'F']
# 解释 :[0, 1] 表示 vertices[0]到 vertices[1], 即顶点 C 到顶点 D 存在边
edges = [[0, 1], [0, 2], [0, 3], [1, 3], [2, 4], [2, 5], [3, 5], [4, 5]]
graph = AdjMatrixGraph(vertices, edges)
graph. display()


graph. add_vertex("G")        # 添加顶点 G
graph. display()


graph. add_edge(3, 6)         # 添加顶点 A 到顶点 G 的边
graph. display()


graph. remove_vertex(2)       # 删除 vertices[2], 即删除顶点 B
graph. display()


graph. remove_edge(0, 2)      # 删除顶点 A 到顶点 C 的边
graph. display()
```

上述测试代码的执行结果如下。

```
顶点数组为 : ['C', 'D', 'B', 'A', 'E', 'F']
邻接矩阵为 :
[0, 1, 1, 1, 0, 0]
[1, 0, 0, 1, 0, 0]
[1, 0, 0, 0, 1, 1]
[1, 1, 0, 0, 0, 1]
[0, 0, 1, 0, 0, 1]
[0, 0, 1, 1, 1, 0]
顶点数组为 : ['C', 'D', 'B', 'A', 'E', 'F', 'G']
```

邻接矩阵为:

[0, 1, 1, 1, 0, 0, 0]

[1, 0, 0, 1, 0, 0, 0]

[1, 0, 0, 0, 1, 1, 0]

[1, 1, 0, 0, 0, 1, 0]

[0, 0, 1, 0, 0, 1, 0]

[0, 0, 1, 1, 1, 0, 0]

[0, 0, 0, 0, 0, 0, 0]

顶点数组为: ['C', 'D', 'B', 'A', 'E', 'F', 'G']

邻接矩阵为:

[0, 1, 1, 1, 0, 0, 0]

[1, 0, 0, 1, 0, 0, 0]

[1, 0, 0, 0, 1, 1, 0]

[1, 1, 0, 0, 0, 1, 1]

[0, 0, 1, 0, 0, 1, 0]

[0, 0, 1, 1, 1, 0, 0]

[0, 0, 0, 1, 0, 0, 0]

顶点数组为: ['C', 'D', 'A', 'E', 'F', 'G']

邻接矩阵为:

[0, 1, 1, 0, 0, 0]

[1, 0, 1, 0, 0, 0]

[1, 1, 0, 0, 1, 1]

[0, 0, 0, 0, 1, 0]

[0, 0, 1, 1, 0, 0]

[0, 0, 1, 0, 0, 0]

顶点数组为: ['C', 'D', 'A', 'E', 'F', 'G']

邻接矩阵为:

[0, 1, 0, 0, 0, 0]

[1, 0, 1, 0, 0, 0]

[0, 1, 0, 0, 1, 1]

[0, 0, 0, 0, 1, 0]

[0, 0, 1, 1, 0, 0]

[0, 0, 1, 0, 0, 0]

在测试代码执行过程中,其对应邻接矩阵的变化过程如图 5.12 所示。对于任意给定顶点数为 n 的无向图,结合上述实现分析其执行过程的时间复杂度。

(1) 图的初始化操作:初始化顶点数组的时间复杂度为 $O(n)$,初始化邻接矩阵的时间复杂度为 $O(n^2)$,因此整体图的初始化操作的时间复杂度为 $O(n^2)$。

(2) 添加或者删除边操作:由于只需修改邻接矩阵对应的 2 个方向的值,所以其时间复杂度为 $O(1)$。

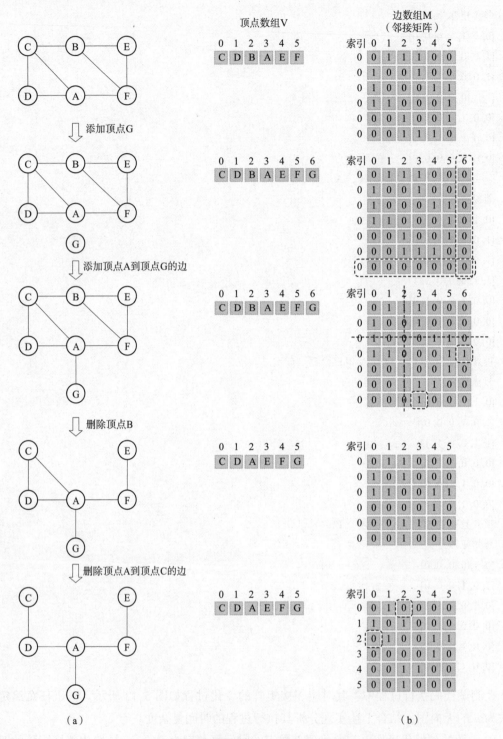

图 5.12　图的基本操作对应邻接矩阵的变化过程

（a）图的逻辑形式；（b）图的物理存储

（3）添加顶点操作：除了对顶点数组追加对应的顶点元素，同时需要邻接矩阵执行 for

循环以添加新增顶点的行列值，因此其时间复杂度为 $O(n)$。

（4）删除顶点操作：需要删除对应顶点在邻接矩阵中的一行一列，由于邻接矩阵本质是以数组为基础的，所以删除元素会涉及移动相应数组后续元素。最坏情况是删除首行首列对应顶点，对应的时间复杂度为 $O(n^2)$。

2. 基于邻接表的图的基本操作

对前面使用邻接表实现的无向图类 AdjListGraph 进行优化扩展，添加对应的图的基本操作实现，完整代码如下。

```python
from vertex import Vertex


class AdjListGraph:
    """基于邻接表的无向图类"""
    def __init__(self, edges):
        # 使用字典,用于存储顶点(key)和其邻接链表(value)的关系
        self.adj_list = {}
        # 初始化添加所有边
        for edge in edges:
            self.add_edge(edge[0], edge[1])

    def add_edge(self, v1, v2):
        """添加边"""
        # 合法性校验及初始化,确保对应顶点在链表中
        self.add_vertex(v1)
        self.add_vertex(v2)
        # 添加无向边,需要在 v1 和 v2 对应的链表中都添加
        self.adj_list[v1].append(v2)
        self.adj_list[v2].append(v1)

    def has_edge(self, v1, v2):
        """判断 v1 和 v2 之间是否存在边"""
        return v2 in self.adj_list.get(v1, [])

    def remove_edge(self, v1, v2):
        """删除边"""
        if v1 in self.adj_list and v2 in self.adj_list[v1]:
            # 删除无向边,需要在 v1 和 v2 对应的链表中都删除
            self.adj_list[v1].remove(v2)
            self.adj_list[v2].remove(v1)

    def add_vertex(self, v):
        """添加顶点"""
```

```python
            if v not in self. adj_list:
                self. adj_list[v] = []

    def remove_vertex(self, v):
        """删除顶点"""
        if v in self. adj_list:
            # 删除顶点对应列表
            del self. adj_list[v]
            # 删除与 v 关联的其他边
            for v_temp in self. adj_list:
                if v in self. adj_list[v_temp]:
                    self. adj_list[v_temp]. remove(v)

    def get_neighbor_vertex_list(self, v):
        """获取指定顶点的所有邻接顶点列表"""
        return self. adj_list[v]

    def display(self):
        """打印邻接表信息"""
        print("邻接表信息如下:")
        for vertex, neighbors in self. adj_list. items():
            print(f"{vertex. data} -> {' -> '. join(map(lambda v: v. data, neighbors))}")
```

采用以下代码进行测试。

```python
v_c = Vertex("C")
v_d = Vertex("D")
v_b = Vertex("B")
v_a = Vertex("A")
v_e = Vertex("E")
v_f = Vertex("F")

edges = [[v_c, v_a], [v_c, v_d], [v_c, v_b], [v_d, v_a],
         [v_b, v_e], [v_b, v_f], [v_a, v_f], [v_e, v_f]]
graph = AdjListGraph(edges)
graph. display()

# 添加顶点 G
v_g = Vertex("G")
graph. add_vertex(v_g)
graph. display()

# 添加顶点 A 到顶点 G 的边
graph. add_edge(v_a, v_g)
graph. display()
```

```
# 删除顶点 B
graph. remove_vertex(v_b)
graph. display()

# 删除顶点 A 到顶点 C 的边
graph. remove_edge(v_a, v_c)
graph. display()
```

上述测试代码的执行结果如下。

```
邻接表信息如下：
C -> A -> D -> B
A -> C -> D -> F
D -> C -> A
B -> C -> E -> F
E -> B -> F
F -> B -> A -> E
邻接表信息如下：
C -> A -> D -> B
A -> C -> D -> F
D -> C -> A
B -> C -> E -> F
E -> B -> F
F -> B -> A -> E
G ->
邻接表信息如下：
C -> A -> D -> B
A -> C -> D -> F -> G
D -> C -> A
B -> C -> E -> F
E -> B -> F
F -> B -> A -> E
G -> A
邻接表信息如下：
C -> A -> D
A -> C -> D -> F -> G
D -> C -> A
E -> F
F -> A -> E
G -> A
邻接表信息如下：
C -> D
A -> D -> F -> G
D -> C -> A
E -> F
F -> A -> E
G -> A
```

在上述测试代码执行过程中，其对应邻接表的变化过程如图 5.13 所示。结合代码实现，针对包含 m 个顶点、n 条边的无向图，其时间复杂度分析如下。

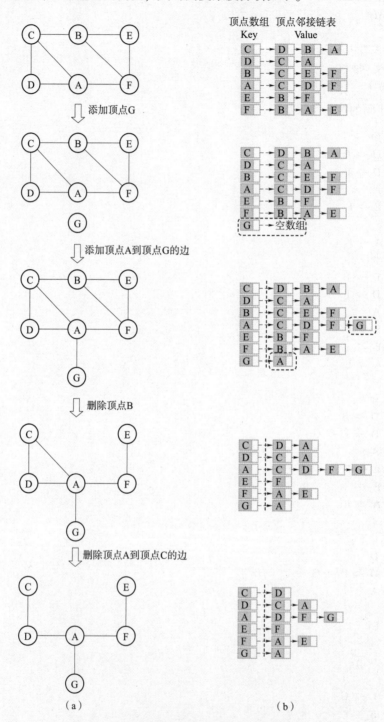

图 5.13　图的基本操作对应邻接表的变化过程

（a）图的逻辑形式；（b）图的物理存储

（1）图的初始化操作：初始化图的过程是将所有的边信息添加到邻接表中，因此时间复杂度为 $O(n)$。

（2）添加边操作：在顶点相应的邻接链表后追加邻接顶点信息即可，因为是无向图，所以需要同时添加两个方向的边，但是整体时间复杂度仍为 $O(1)$。

（3）删除边操作：需要在相应顶点的邻接链表中搜索并删除指定边，最坏情况是该顶点与其他所有顶点都有边相连，此时邻接链表有 $m-1$ 个值，因此时间复杂度为 $O(m)$。

（4）添加顶点操作：需要添加一个空的邻接链表，因此时间复杂度为 $O(1)$。

（5）删除顶点操作：需要遍历整体邻接表，删除待删顶点对应的所有边，其最坏情况是图中任意两个顶点都有边相连，此时时间复杂度为 $O(mn)$。

需要注意的一点是，上述时间复杂度是针对本书所提供的实现方式进行分析的，因此在其他地方可能看到相同操作却有不同的时间复杂度，这种情况说明复杂度分析是与实现方式密不可分的。

5.4　图的遍历

5.4.1　图的遍历的概念

图的遍历是一种访问和检查图中所有顶点和边的过程。遍历允许系统地访问图中的每个顶点，以便执行各种操作，例如搜索特定的顶点、寻找路径、检查连通性等。

前面在树的章节中也讨论过遍历的问题，因此在讨论如何进行图的遍历策略之前，需要考虑图和树是否有一定的关系。如图 5.14 所示，图表达的是一种网状结构，顶点和边之间连接的自由度高。如果将树也按图的概念理解，那么树相当于具有以下特性的图。

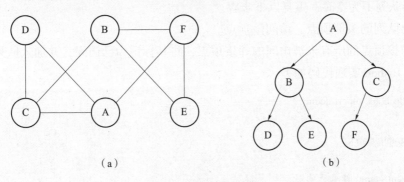

图 5.14　图和树的对比

（a）图示例；（b）树示例

（1）有向边：树中的节点之间的边是有向边，总是从父节点指向子节点。

（2）无环：树中不存在环，即无法从一个节点出发通过有向边回到该节点。

（3）特定的入度：只存在一个节点（根结点）入度为 0，其他节点入度为 1，即除了根节点外，其他节点有且只有一个唯一的父节点。

因此，树本质上是一种特殊的图，也就是说树的遍历操作本质上也是图的遍历操作的一种特例。图的遍历策略也包括广度优先策略和深度优先策略。

5.4.2 广度优先遍历

图的广度优先遍历是指从图的某个起始顶点开始，逐层遍历图中的节点，先访问离起始顶点最近的顶点，然后访问与起始顶点路径长度最短为 2 的顶点，依此类推。

如图 5.15 所示，以顶点 E 为起始顶点，按照路径长度由近及远，层层遍历所有顶点。因为队列"先入先出"的特点与广度优先遍历的由近及远的思路类似，所以借助队列实现图的广度优先遍历，其算法实现步骤如下。

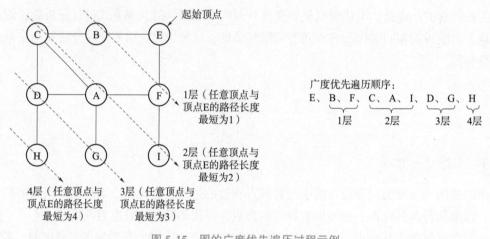

图 5.15　图的广度优先遍历过程示例

（1）从起始顶点开始，将其标记为已访问，并加入队列。

（2）当队列不为空时，重复以下步骤。

① 弹出队列的头部顶点，访问该顶点。

② 遍历该顶点的所有未被访问的邻接顶点，将其标记为已访问，并加入队列。

对应的 Python 实现代码如下。

```python
from collections import deque

def bfs(graph, start):
    """
    :param graph: 待遍历的图
    :param start: 遍历的起始顶点
    """
    visited = set()              # 用集合存储已访问的顶点
    queue = deque([start])       # 初始时将起始顶点加入队列

    while queue:
        node = queue.popleft()   # 弹出队列头部顶点
```

```
            if node not in visited:
                print(node. data, end=",")          # 访问顶点
                visited. add(node)                   # 标记顶点为已访问

                # 将未访问的邻接顶点加入队列
                for neighbor in graph. get_neighbor_vertex_list(node):
                    if neighbor not in visited:
                        queue. append(neighbor)
```

使用上述定义的广度优先遍历算法对图 5.15 所示图进行遍历，测试代码如下。

```
fromadjListGraph import AdjListGraph
from vertex import Vertex

v_a = Vertex("A")
v_b = Vertex("B")
v_c = Vertex("C")
v_d = Vertex("D")
v_e = Vertex("E")
v_f = Vertex("F")
v_g = Vertex("G")
v_h = Vertex("H")
v_i = Vertex("I")
edges = [[v_c, v_b], [v_b, v_e], [v_c, v_d], [v_c, v_a],
         [v_b, v_f], [v_e, v_f], [v_d, v_a], [v_a, v_f],
         [v_d, v_h], [v_a, v_g], [v_f, v_i]]
# 采用邻接表实现的图,也可采用邻接矩阵实现的图
adjListGraph = AdjListGraph(edges)
#进行广度优先遍历
bfs(adjListGraph, v_e)
```

测试代码的执行结果如下。

```
E,B,F,C,A,I,D,G,H,
```

图的广度优先遍历中的顶点访问顺序如图 5.16 所示。需要说明的是，广度优先遍历所得到的序列并不是唯一的，其整体要求是按照广度优先由近及远的方式逐层遍历，但是每一层中顶点的遍历顺序是允许打乱的，例如可以通过调整测试代码中 edges 的边顺序得到以下广度优先遍历结果。

```
E,F,B,C,A,I,D,G,H,
E,B,F,D,A,I,C,G,H,
```

广度优先遍历过程中的队列变化如图 5.17 所示。

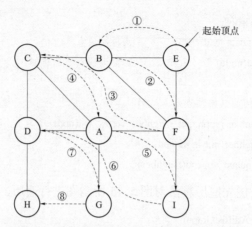

图 5.16　图的广度优先遍历中的顶点访问顺序

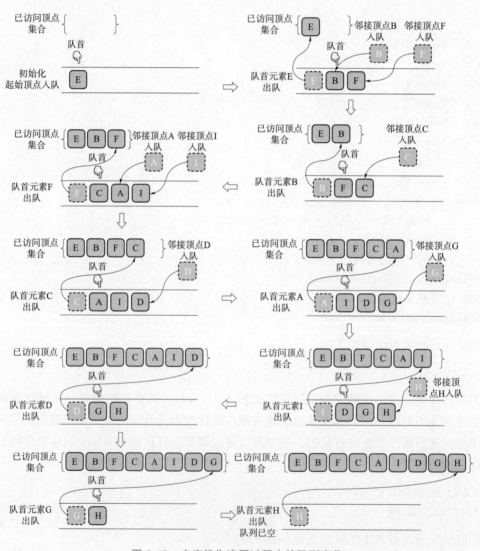

图 5.17　广度优先遍历过程中的队列变化

假设图的顶点数为 m，边数为 n，则从上述广度优先遍历中的队列变化可以看出，所有顶点都仅会入队并出队 1 次，此过程的时间复杂度为 $O(m)$。而在遍历无向图中邻接顶点来寻找未访问顶点的过程中，时间复杂度为 $O(2n)$。因此，整体广度优先遍历过程的时间复杂度为 $O(m+n)$。广度优先遍历的空间复杂度主要来自辅助队列和已访问节点集合，其最多元素数都为 m，因此空间复杂度为 $O(m)$。

5.4.3 深度优先遍历

图的深度优先遍历与树的深度优先遍历类似，即从图的某个起始顶点开始，沿着图的深度方向遍历图的节点，直到到达末端，然后回溯并继续遍历其他分支。深度优先遍历通常使用递归或栈实现，其遍历思路实现步骤如下。

（1）选择起始顶点：选择图中的一个顶点作为起始顶点。

（2）标记顶点：将起始顶点标记为已访问。

（3）访问顶点：访问当前顶点，可以进行一些操作，例如打印顶点值。

（4）递归遍历邻接顶点：对于当前顶点的每个未访问邻接顶点，递归执行步骤（3）。

（5）回溯：当无法继续前进时（当前顶点没有未访问的邻接顶点），回溯上一个顶点，继续尝试访问其他未访问的顶点。

（6）重复：重复步骤（3）~（5），直到所有顶点都被访问。

对应的 Python 实现代码如下。

```python
def dfs(graph, node, visited):
    """
    :param graph: 待遍历的图
    :param node: 遍历的起始顶点
    :param visited: 已访问过的顶点集合
    """
    if node not in visited:
        print(node. data, end=",")      # 访问顶点
        visited. add(node)              # 标记顶点为已访问

        # 递归地访问邻接节点
        for neighbor in graph. get_neighbor_vertex_list(node):
            dfs(graph, neighbor, visited)
```

使用上述定义的广度优先遍历算法对图 5.15 所示的图进行遍历，测试代码如下。

```python
v_a = Vertex("A")
v_b = Vertex("B")
v_c = Vertex("C")
v_d = Vertex("D")
v_e = Vertex("E")
```

```
v_f = Vertex("F")
v_g = Vertex("G")
v_h = Vertex("H")
v_i = Vertex("I")
edges = [[v_c, v_b], [v_b, v_e], [v_c, v_d], [v_c, v_a],
         [v_b, v_f], [v_e, v_f], [v_d, v_a], [v_a, v_f],
         [v_d, v_h], [v_a, v_g], [v_f, v_i]]
# 采用邻接表实现的图,也可采用邻接矩阵实现的图
adjListGraph = AdjListGraph(edges)
# 全局集合,用于记录已经访问过的顶点
visited = set()
# 执行深度优先遍历
dfs(adjListGraph, v_e, visited)
```

测试代码执行结果如下。

E,B,C,D,A,F,I,G,H,

深度优先遍历中的递归调用过程示意如图 5.18 所示。

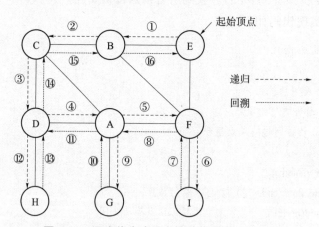

图 5.18 深度优先遍历中的递归调用过程示意

　　图的深度优先遍历的时间复杂度取决于每个顶点和边被访问的次数。假设图的顶点数为 m,边数为 n。在递归实现的深度优先遍历中,每个顶点的邻居都会被访问一次,并且每条边最多也只被访问一次,因此总的时间复杂度为 $O(m+n)$。空间复杂度主要来自递归调用的栈空间,在最坏情况下,当图是一条链状结构时,递归树的深度为 n(顶点的数量),因此空间复杂度为 $O(n)$。在实际情况下,递归树的深度通常不会达到 n,因为图更可能是分支状或者网状结构,而不是链状结构。在这种情况下,递归树的深度可能更小,空间复杂度也相应较低。

5.5　图的应用

图是一种重要的数据结构，广泛应用于计算机科学和现实生活中的各种领域。图的主要应用领域如下。

（1）网络设计和分析：图模型常用于表示和分析网络结构，如社交网络、互联网、通信网络等。图算法可用于查找关键节点、分析网络流量、寻找最短路径等问题。

（2）路由和路径规划：图算法在路由和路径规划中起着关键作用。例如，Dijkstra 算法和 A∗算法可用于寻找图中的最短路径，应用于导航系统和物流规划系统。

（3）数据库设计：图数据库（如 Neo4j）采用图模型存储数据，适用于需要处理复杂关系的场景，如社交媒体、推荐系统等。

（4）编译器设计：控制流图和数据流图用于分析程序的结构和执行流程，帮助编译器进行优化和代码生成。

（5）人工智能和机器学习：图被广泛应用于表示知识图谱、推荐系统、模型图等。图神经网络是一类专门用于处理图数据的深度学习模型。

（6）电路设计：电路图可被看作图，图算法可用于分析电路的性能、查找故障等。

（7）地理信息系统（GIS）：地图和空间数据可用图表示，图算法可用于空间分析、路径规划、地理数据挖掘等。

（8）生物信息学：生物学中的分子结构、基因关系等可以用图模型表示，图算法可用于分析生物信息。

（9）交通规划：在道路和交通网络的设计和优化中可以使用图模型和图算法，以改善交通流动性。

（10）项目管理和进度图：项目的任务和依赖关系可以用有向图表示，图算法可用于确定最优项目进度。

这些仅是图的一些主要应用领域，图的灵活性和丰富的结构使其在多个领域中都能发挥关键作用。

5.6　小结与习题

5.6.1　小结

本章深入探讨了图这一重要的数据结构，涵盖了图的基本概念、分类以及常用术语。通过使用 Python，本章展示了图的两种主要表示方式——邻接矩阵和邻接表，并简要介绍了它们的优、缺点。

1. 图的基本概念

（1）顶点：图中的节点，用于表示对象。

（2）边：表示对象之间的关系。

（3）图的定义：图是由顶点和边组成的一种数据结构，用于表示对象之间的关系。

2. 图的分类

（1）根据边是否有方向分为有向图、无向图。

（2）根据边是否有权重分为有权图、无权图。

（3）根据图中的所有顶点是否连通分为连通图、非连通图。

3. 常用术语

（1）度：顶点的边数，入度和出度对应有向图。

（2）权重：边可以带有权重，用于表示对象之间的关系强度。

（3）邻接顶点：与某顶点相邻的顶点。

（4）路径：一系列相邻的顶点。

（5）环：路径形成一个环，起点和终点相同。

4. 图的表示与实现

（1）邻接矩阵：使用二维数组表示顶点之间的关系。

（2）邻接表：使用字典或列表表示顶点及其邻接顶点。

5. 图的遍历

（1）深度优先遍历：通过递归或栈实现，探索尽可能深的分支。

（2）广度优先遍历：通过队列实现，逐层访问顶点。

通过学习图的基本概念和实现方式，学生可以深入了解图这一数据结构的基础。图的灵活性使其在计算机科学的多个领域中发挥关键作用，包括网络设计、路由规划、人工智能等。接下来的章节将进一步探讨图的高级算法和应用。

5.6.2 习题

一、选择题

1. 有向图和无向图的区别在于（　　）。

A. 顶点的数量　　　B. 边的方向　　　C. 边的权重　　　D. 顶点的度

2. 在图的遍历中，广度优先遍历通常使用的数据结构是（　　）。

A. 队列　　　　　B. 栈　　　　　C. 堆　　　　　D. 树

3. 图的路径长度是指（　　）。

A. 边数　　　　　　　　　　　B. 顶点数

C. 边和顶点的总和　　　　　　D. 边的权重之和

二、判断题

1. 连通图是指图中的每两个顶点之间都存在路径。（　　）

2. 在图的邻接表实现中，每个顶点的邻接顶点都存在图对应的邻接链表中。（　　）

3. 有向图的邻接矩阵一定是对称的。（　　）

4. 有向图中，如果存在一条路径从顶点 A 到顶点 B，那么一定存在一条路径从顶点 B 到顶点 A。（　　）

5.7 实训任务

实训任务：迷宫寻宝

【任务描述】

假设存在一个迷宫，用图的形式表示。迷宫由房间和通道组成，房间表示顶点，每个通道代表一个边，房间和房间之间由通道连接，房间中可能有宝藏。设计一个算法，找到迷宫中的所有宝藏。

其中房间类的定义如下。

```python
class Room:
    """房间类"""
    def __init__(self, label, num):
        # 房间标识
        self.label = label
        # 宝藏数量
        self.num = num
```

【任务要求】

（1）在以下代码的基础上实现一个函数 find_treasure()，接收迷宫的房间信息和通道信息作为参数，从任意房间出发，搜索该迷宫，并输出该迷宫的总宝藏数量。

（2）考虑使用深度优先遍历或广度优先遍历算法。

（3）可以自行设计其他辅助函数。

代码如下。

```python
def find_treasure(rooms, roads, start):
    """
        实现遍历算法,计算能获取的最大宝藏数量
    :param rooms: 迷宫中的所有房间
    :param roads: 迷宫中的所有通道连接
    :param start: 开始寻找的房间
    """
    # TODO
    pass


# 示例迷宫
# 房间列表
rooms = [Room("A"), Room("B", 2), Room("C"), Room("D", 3),
         Room("E", 1), Room("F"), Room("G", 1), Room("H", 1)]
```

```
# 通道列表
roads = [[rooms[0], rooms[1]], [rooms[0], rooms[2]], [rooms[0], rooms[6]],
         [rooms[1], rooms[2]], [rooms[1], rooms[3]], [rooms[2], rooms[4]],
         [rooms[3], rooms[4]], [rooms[4], rooms[5]]]

# 调用函数并输出结果
result = find_treasure(rooms, roads, rooms[2])
print("从房间" + rooms[2].label + "出发收集的宝藏数量:", result)

result = find_treasure(rooms, roads, rooms[7])
print("从房间" + rooms[7].label + "出发收集的宝藏数量:", result)
```

5.8 课外拓展

拓展任务:交通网络优化

【任务描述】

交通网络是图的典型应用之一。本任务旨在让学生通过图的概念和算法,查阅资料,深入了解交通网络优化问题,尝试设计并实现一个简单的交通网络优化算法。

【任务要求】

1. 数据准备

(1)创建一个模拟的城市交通网络,用图表示道路和交叉口,用顶点表示交叉口,用边表示道路,用边的权重表示道路长度或通行时间。

(2)至少包括 10 个交叉口和 15 条道路。

2. 最短路径规划

(1)查阅资料进行学习并实现一个图的经典最短路径算法,例如 Dijkstra 算法或 A * 算法,用于计算两个交叉口之间的最短路径。

(2)输出最短路径上的顶点和边。

3. 交通拥堵模拟

(1)模拟交通拥堵情况,随机选择一些道路并延长通行时间。

(2)调整拥堵道路的权重,使算法能够在规划路径时考虑避开拥堵。

4. 最优路径规划

(1)修改算法,在算法中考虑最优路径,不仅考虑路径长度最小,还考虑通行时间最短。

(2)输出交通拥堵情况下的最优路径。

使用 Python 编写一个交通网络优化工具,包括上述功能的实现。可以使用图数据结构和相应的图算法库(如 NetworkX)来简化实现过程。

第6章

搜索算法

本章学习目标

本章旨在使学生深入理解搜索算法在数据结构与算法中的重要性，掌握线性搜索、有序表搜索（二分搜索、插值搜索、斐波那契搜索）、二叉排序树搜索以及哈希搜索等不同搜索算法的原理和操作方法。学生将学会如何根据不同的应用场景选择和实现合适的搜索算法，并通过编程实践来巩固理论知识。此外，本章强调了性能测试和算法优化的必要性，鼓励学生通过对不同搜索算法的性能进行测试和分析，掌握如何评价和优化算法效率，以及如何根据测试结果进行合理的优化策略选择。

学习要点

√ 线性搜索

√ 有序表搜索

√ 二叉排序树搜索

√ 哈希表与哈希搜索

 **案例：图书馆图书检索系统**

6.1.1 案例描述

假设一个大型图书馆（图6.1）中有成千上万本图书，每本图书都有自己的标签、作者、出版日期等信息。学生、教师和研究人员经常需要查找图书馆中的图书，以便获取相关信息或借阅图书。

图书馆需要一个高效的图书检索系统，使用户能够根据不同的搜索条件（如书名、作者、标签等）快速地找到所需的图书。

图 6.1 　大型图书馆

6.1.2 　案例实现

可以尝试将图书馆中的所有图书信息构建成一个数据结构，例如哈希表或二叉排序树。将书的信息（如书名、作者、标签等）作为键，将对应的图书对象作为值。可以引入搜索算法来建设和优化图书检索系统。由于需要根据不同的搜索条件进行查找，所以可以根据具体情况选择合适的搜索算法。常见的搜索算法包括线性搜索、有序表搜索、哈希表搜索等。这里数据结构采用 Python 中的字典，其底层实现是哈希表，搜索算法则采用最直接的线性搜索，根据选择的搜索算法，实现图书检索系统的搜索功能。用户输入搜索条件后，图书检索系统根据搜索条件在图书索引中进行查找，并返回匹配的图书列表或详细信息。参考的 Python 实现代码如下。

```python
class Book:
    def __init__(self, title, author, tags, isbn):
        self. title = title
        self. author = author
        self. tags = tags
        self. isbn = isbn



class LibraryCatalog:
    def __init__(self):
        self. books = {}

    def add_book(self, book):
        self. books[book. title] = book
```

```
def search_by_title(self, title):
    results = []
    for book_title, book in self.books.items():
        if title.lower() in book_title.lower():
            results.append(book)
    return results

def search_by_author(self, author):
    results = []
    for book in self.books.values():
        if author.lower() in book.author.lower():
            results.append(book)
    return results

def search_by_tag(self, tag):
    results = []
    for book in self.books.values():
        if tag.lower() in map(str.lower, book.tags):
            results.append(book)
    return results
```

采用以下代码进行测试。

```
# 初始化创建图书馆和图书
library = LibraryCatalog()
library.add_book(Book("《Python 语言及其应用》", "翁正秋", ["编程", "python"], "9787121347214"))
library.add_book(Book("《大数据平台运维基础》", "龚大丰", ["操作系统", "运维基础", "大数据"], "9787121434204"))
library.add_book(Book("《关系数据库设计与应用（工作手册式）》", "施莉莉", ["编程", "数据库"], "9787121450556"))
library.add_book(Book("《Python 与机器学习》", "陈清华", ["python", "人工智能", "机器学习"], "9787121381768"))

# 搜索示例
print("通过标题查询：' python' ")
python_books = library.search_by_title("python")
for book in python_books:
    print(book.title)

print("\n 通过作者查询：' 龚大丰' ")
andrew_books = library.search_by_author("龚大丰")
```

```
for book in andrew_books:
    print(book. title)


print("\n 通过标签查询:' 编程' ")
se_books = library. search_by_tag("编程")
for book in se_books:
    print(book. title)
```

测试代码执行结果如下。

```
通过标题查询:' python'
《Python 语言及其应用》
《Python 与机器学习》


通过作者查询:' 龚大丰'
《大数据平台运维基础》


通过标签查询:' 编程'
《Python 语言及其应用》
《关系数据库设计与应用(工作手册式)》
```

上述实现方式仍有优化拓展的空间,例如根据实际情况对搜索算法进行优化,以提高图书检索系统的性能和响应速度。可以采用一些技术来加速搜索过程,例如建立索引、使用缓存、优化算法等。或者可以尝试改进图书检索系统的用户体验,使用户能够更方便、快速地找到所需的图书。可以增加搜索条件、提供智能推荐、优化搜索结果展示等功能。

6. 2 线性搜索

6.2.1 线性搜索的基本原理

线性搜索(linear search)也称为顺序搜索(sequential search),是一种非常直观的搜索算法。它按照顺序逐个检查线性数据结构(如数组或列表)中的每个元素,直到找到所需的元素或检查完所有元素为止。

6.2.2 线性搜索算法

线性搜索算法的 Python 实现如下,需要注意的是以下实现只是以数组为背景的基本实现,基于其他线性数据结构实现的基本思路一致。

```
def linear_search(arr, target):
    """
    在数组 arr 中查找目标值 target,如果找到则返回其索引,否则返回-1
```

```
    :param arr: 待查找的数组
    :param target: 需要查找的目标值
    """
    for i in range(len(arr)):
        if arr[i] == target:    # 顺序遍历数组,依次比较各元素与目标值是否一致
            return i            # 找到目标值,返回其索引
    return -1                   # 没有找到目标值,返回-1
```

采用以下代码进行测试。

```
my_list = [3, 5, 9, 7, 1]
target_value = 5
result = linear_search(my_list, target_value)
if result != -1:
    print(f"目标值 {target_value} 在数组中的索引是 {result}")
else:
    print(f"目标值 {target_value} 不在数组中")
```

测试代码的执行结果如下。

目标值 5 在数组中的索引是 1

线性搜索需要检查每个元素,这意味着在最坏情况下,算法需要遍历整个数据集才能找到目标元素,因此其时间复杂度为 $O(n)$,其中 n 是列表或数组的长度。在处理大型数据集时,这可能相对低效,因此通常需要考虑其他更高效的搜索算法。

6.2.3 线性搜索的应用场景

线性搜索的主要应用场景如下。

(1) 小型数据集:当数据集较小时,线性搜索是一种简单且有效的方法。例如,在一个小型商场的货架上寻找特定的商品,或者在一本小型词典中查找特定的单词时,线性搜索都是非常合适的算法。

(2) 数据无须排序:如果数据不需要预先排序,或者排序的成本较高,那么线性搜索可能是一个好的选择。因为线性搜索不依赖数据的顺序,所以无须进行额外的预处理步骤。

(3) 简单应用:在一些简单应用中,线性搜索由于其直观性而备受青睐,即使非计算机专业人士也能够轻松理解并实现线性搜索算法。

6.3 有序表搜索

6.3.1 有序表搜索基本原理

有序表搜索是一种在已排序的数据集合中查找特定元素的算法。由于数据已经按照某种

顺序（通常是升序或降序）排列，所以可以使用更高效的搜索策略找到目标元素。常见的有序表搜索算法如下。

1. 二分搜索（binary search）

二分搜索，也称为折半搜索。它是一种非常高效的搜索算法，特别适用于有序列表。它的基本思想是将列表分成两半，然后检查目标元素是否位于中间元素的左侧或右侧。根据比较结果，二分搜索算法会在相应的半部分继续执行相同的操作，直到找到目标元素或确定目标元素不存在。

2. 插值搜索（interpolation search）

插值搜索是二分搜索的一种改进版本，它根据元素在列表中的分布情况更智能地选择中间点。插值搜索通过计算目标元素与列表两端元素的差值来确定下一个搜索位置，这有助于减少不必要的比较次数。

3. 斐波那契搜索（fibonacci search）

斐波那契搜索是一种利用斐波那契数列的性质进行搜索的算法，也属于二分搜索的优化版本。它通过将列表长度与斐波那契数列中的值进行比较来确定搜索范围，从而找到目标元素。斐波那契搜索在处理某些特定数据集时可能比二分搜索更有效。

在使用有序表搜索时，需要注意以下几点。

（1）数据集合必须是有序的。如果数据未排序，则需要先进行排序操作，这可能增加额外的计算成本。

（2）不同的有序表搜索算法适用于不同的数据集和场景。在选择算法时，需要考虑数据集的大小、分布情况以及性能要求等因素。

（3）有序表搜索算法通常具有较低的时间复杂度，因此在处理大型数据集时具有较高的效率。然而，对于小型数据集或无序数据集，简单的线性搜索可能更为合适。

6.3.2 二分搜索算法

假设待搜索的数组或列表是按升序排列的。需要注意的是，对于降序排列的数组或列表，算法逻辑稍有不同，但基本思想相同。二分搜索算法的基本步骤如下。

（1）将数组的中间位置记录的关键字与搜索关键字进行比较。

（2）如果两者相等，则搜索成功，返回中间位置作为结果。

（3）如果中间位置记录的关键字大于搜索关键字，说明目标元素可能位于数组或列表的前半部分，因此将搜索范围缩小为数组或列表的前半部分，即更新搜索的上、下界，排除数组或列表的后半部分。

（4）如果中间位置记录的关键字小于搜索关键字，说明目标元素可能位于数组或列表的后半部分，因此将搜索范围缩小为数组或列表的后半部分，更新搜索的上、下界，排除数组或列表的前半部分。

（5）重复步骤（2）~（5），直到搜索到目标元素或者搜索范围为空（即上界小于下界）。如果搜索范围为空，则表示目标元素不存在于数组或列表中，搜索失败。

在实现过程中，通常会设置两个指针：一个指向数组或列表的开始位置；另一个指向数组或列表的结束位置。每次比较后，根据比较结果移动这两个指针，以缩小搜索范围。参考的 Python 实现代码如下（以数组为例）。

```python
def binary_search(arr, target):
    """
    在有序数组 arr 中查找目标值 target,如果找到则返回其索引,否则返回-1
    :param arr: 待搜索的已排序数组
    :param target: 需要搜索的目标值
    """
    low = 0                          # 搜索范围上界
    high = len(arr) - 1              # 搜索范围下界

    while low <= high:
        mid = (low + high) // 2      # 计算中间元素的索引
        if arr[mid] == target:
            return mid               # 找到目标值,返回其索引
        elif arr[mid] < target:
            low = mid + 1            # 目标值在右半部分
        else:
            high = mid - 1          # 目标值在左半部分

    return -1                        # 没有找到目标值
```

上述代码使用了两个指针 low 和 high 分别表示当前搜索范围的下界和上界。在每次循环中，计算中间元素的索引 mid，然后将 arr[mid] 与目标值 target 进行比较。如果找到目标值，则立即返回其索引；如果 arr[mid] 小于目标值，则更新 low 为 mid+1，以在右半部分继续搜索；如果 arr[mid] 大于目标值，则更新 high 为 mid-1，以在左半部分继续搜索。如果循环结束时仍未找到目标值，则返回-1。需要特别注意的是，如果数组未排序，则二分搜索算法无法正确工作。因此，在使用二分搜索算法之前，请确保传入数组已经按照升序或降序排列。

采用以下测试代码进行测试。

```python
sorted_array = [55, 74, 83, 88, 90, 99]
target_value = 90
result = binary_search(sorted_array, target_value)
if result ! = -1:
    print(f"目标值 {target_value} 在数组中的索引是 {result}")
else:
    print(f"目标值 {target_value} 不在数组中")
```

测试代码的执行结果如下。

目标值 90 在数组中的索引是 4

可以通过图 6.2 针对上述测试代码对比线性搜索和二分搜索的执行过程。

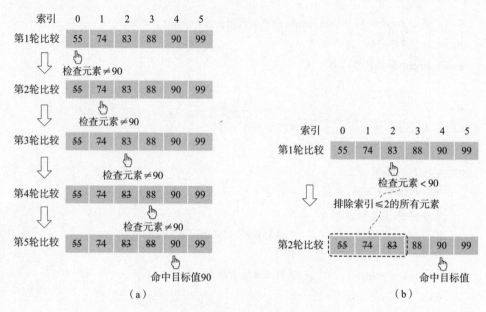

图 6.2　线性搜索和二分搜索执行过程对比

（a）线性搜索；（b）二分搜索

从图中可以看出，二分搜索在针对有序列表搜索目标值的过程中，在每一步将搜索范围缩小一半。在执行效率上，若列表的长度为 n，则其时间复杂度为 $O(\log n)$。因此，在处理大型有序数据集，尤其是需要多次搜索的情况下，二分搜索相对于线性搜索效率较高。

6.3.3　插值搜索算法

插值搜索算法是一种基于二分搜索的优化算法，特别适用于有序数列且数值分布均匀的情况。与二分搜索每次都将中间元素作为比较点不同，差值搜索根据搜索值的相对位置，通过估算目标值在数列中的可能位置来确定下一次比较的位置。插值搜索算法的基本步骤如下。

1. 计算目标值估算位置 mid
可以采用以下公式进行计算：

$$mid = low + (high - low) \times \frac{key - array[low]}{array[high] - array[low]}$$

其中：

（1）key 表示要查找元素的值；

（2）array 表示待查找的有序数组或列表；

（3）low 和 high 表示当前搜索范围的索引边界值。

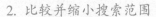

2. 比较并缩小搜索范围

将目标值估算位置 mid 与目标元素进行比较, 并根据结果进行判断。

(1) 如果 array[mid]==key, 则找到目标元素, 返回索引 mid。

(2) 如果 array[mid]>key, 则在 low 到 mid−1 的范围内继续查找, 因为目标元素可能在左侧。

(3) 如果 array[mid]<key, 则在 mid+1~high 的范围内继续查找, 因为目标元素可能在右侧。

3. 重复以上步骤, 直到找到目标元素或搜索范围为空

重复上述比较和缩小搜索范围的步骤, 直到找到目标元素或者 low 大于 high, 表示搜索范围为空, 目标元素不在数组或列表中。

4. 返回结果

如果找到目标元素, 则返回其索引; 否则, 返回表示未找到的标志 (例如−1)。

插值搜索算法对应的参考 Python 实现代码如下 (以数组为例)。

```python
def interpolation_search(arr, key):
    low, high = 0, len(arr) − 1


    while low <= high and arr[low] <= key <= arr[high]:
        # 使用插值公式计算估算目标值索引位置
        mid = low + (key − arr[low]) *  (high − low) // (arr[high] − arr[low])
        if arr[mid] == key:
            # 找到目标元素,返回索引
            return mid
        elif arr[mid] < key:
            # 在右侧继续查找
            low = mid + 1
        else:
            # 在左侧继续查找
            high = mid − 1
    # 未找到目标元素
    return −1
```

采用以下测试代码进行测试。

```python
sorted_array = [30, 55, 74, 83, 88, 90, 99]
target_value = 90
result = interpolation_search(sorted_array, target_value)
if result ! = −1:
    print(f"目标值 {target_value} 在数组中的索引是 {result}")
else:
    print(f"目标值 {target_value} 不在数组中")
```

测试代码的执行结果如下。

目标值 90 在数组中的索引是 6

图 6.3 所示为针对上述测试代码二分搜索算法和插值搜索在执行过程中索引位置选择的区别。插值搜索算法的核心思想是通过估算目标值在有序数组中的相对位置，更快地缩小搜索范围。在该代码实现中，low 和 high 表示当前搜索范围的边界，而 mid 是通过插值公式计算的估算位置。与二分搜索类似，插值搜索在每一步都根据估算位置与目标元素的大小关系来缩小搜索范围。

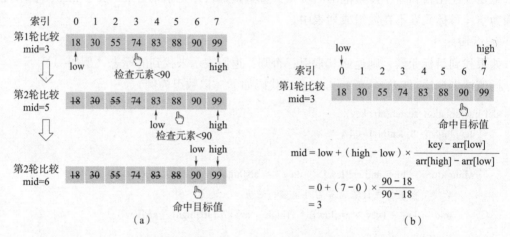

图 6.3　二分搜索和插值搜索执行过程对比

（a）二分搜索；（b）插值搜索

插值搜索的最坏情况为目标元素接近数组首、尾元素，且元素分布极其不均匀，此时时间复杂度接近线性复杂度 $O(n)$，其中 n 是数组的长度。在数组元素分布均匀的情况下，插值搜索算法的复杂度与二分搜索算法的复杂度在量级上一致，也属于 $O(\log n)$ 级别，但是其问题规模缩减更快，因此时间复杂度为 $O(\log\log n)$。

综上，数组是有序的且数值分布比较均匀时，使用插值搜索算法的平均性能比二分搜索算法好得多，但如果数据集的分布不均匀，则插值搜索算法的性能可能不如二分搜索算法。

6.3.4　斐波那契搜索算法

斐波那契搜索是一种基于黄金分割点的搜索算法，本质上是二分搜索的一种优化变形，它结合了二分搜索和黄金分割的概念。与二分搜索不同，斐波那契搜索的划分点并不是固定的中间点，而是通过斐波那契数列确定。斐波那契搜索算法的基本步骤如下。

1. 初始化

（1）初始化分割值，设待搜索数组 array 长度为 n，利用斐波那契数列的特性有

$$\text{fib}(k)=\text{fib}(k-2)+\text{fib}(k-1)$$

确定两个相邻的斐波那契数 $\text{fib}(k-2)$ 和 $\text{fib}(k-1)$，使 k 是满足 $\text{fib}(k)\geq n$ 的最小整数。

（2）初始化搜索范围，获取待搜索数组索引上、下限 low、high。

2. 计算划分点

划分点索引位置 $mid=low+fib(k-2)$，其中 k 是满足 $fib(k) \geqslant n$ 的最小整数。斐波那契搜索划分点计算原理如图 6.4 所示。

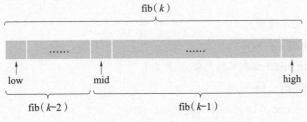

图 6.4　斐波那契搜索划分点计算原理

3. 比较并缩小搜索范围，将划分点位置 mid 与目标元素进行比较

（1）如果 $array[mid] == key$，则找到目标元素，返回索引 mid。

（2）如果 $array[mid] > key$，则在 $low \sim mid-1$ 的范围内继续搜索，同时更新斐波那契分割值。

（3）如果 $array[mid] < key$，则在 $mid+1 \sim high$ 的范围内继续搜索，同时更新斐波那契分割值。

4. 重复步骤 2~3

重复上述比较和缩小搜索范围的步骤，直到找到目标元素或者 low 大于 high，表示搜索范围为空，目标元素不在数组或列表中。

斐波那契搜索算法对应的参考 Python 实现代码如下（以下数组为例）。

```python
def fibonacci_search(array, key):
    n = len(array)                    # 数组长度

    # 初始化,利用斐波那契数列生成分割值。
    fib_k_minus_2 = 0                 # 对应 f(k-2)
    fib_k_minus_1 = 1                 # 对应 f(k-1)
    fib_k = fib_k_minus_1 + fib_k_minus_2  # 对应 f(k)
    while fib_k < n:                  # 寻找 f(k)值略大于等于要搜索数组的长度
        fib_k_minus_2, fib_k_minus_1 = fib_k_minus_1, fib_k
        fib_k = fib_k_minus_1 + fib_k_minus_2

    # 初始化,搜索范围上、下限变量
    low, high = 0, n - 1

    while low <= high:
        # 计算划分点位置
```

```
        mid = min(low + fib_k_minus_2, high)
        print("index=", low, mid, high)
        print("fib=", fib_k_minus_2, fib_k_minus_1, fib_k)
        print("=======")


        # 比较并缩小搜索范围
        if array[mid] == key:
            return mid # 找到目标元素,返回索引
        elif array[mid] < key:
            low = mid + 1# 在后半部分继续查找
            # 更新分割值
            fib_k = fib_k_minus_1
            fib_k_minus_1 = fib_k_minus_2
            fib_k_minus_2 = fib_k - fib_k_minus_1
        else:
            high = mid - 1# 在前半部分继续查找
            # 更新分割值
            fib_k = fib_k_minus_2
            fib_k_minus_1 = fib_k_minus_1 - fib_k_minus_2
            fib_k_minus_2 = fib_k - fib_k_minus_1


    return -1# 未找到目标元素
```

在实现代码中,利用斐波那契数列的特性,采用动态更新分割值的方式为每次计算划分点提供依据。需要说明的是,在现实中有时直接采用固定的斐波那契数列,在搜索过程中通过计算斐波那契数列索引值的方式来获取分割值。两者在原理上没有区别,只是后者需要提供额外的斐波那契数列存储空间 $O(n)$,其中 n 是要生成的斐波那契数的数量。

采用以下测试代码对上述实现代码进行测试。

```
sorted_array = [10, 22, 35, 40, 45, 50, 80, 82, 85, 90, 100]
target_value = 45
result = fibonacci_search(sorted_array, target_value)
if result != -1:
    print(f"目标值 {target_value} 在数组中的索引是 {result}")
else:
    print(f"目标值 {target_value} 不在数组中")
```

测试代码的执行结果如下。

```
目标值 45 在数组中的索引是 4
```

上述测试代码对应的斐波那契搜索执行过程示例如图 6.5 所示，图中主要展示每一轮搜索对应的分割值更新状态，并根据目标元素与划分点的大小关系，确定下一步搜索区间的过程。图中 fib(k)、fib($k-1$)、fib($k-2$) 分别对应实现代码中的 fib_k、fib_k_minus_1、fib_k_minus_2 变量。需要特别说明的是，虽然按照 low+fif($k-2$) 计算分割值，理论上分割后的左侧数组长度应该小于右侧数组长度，但是在第 1 轮比较中，由于待搜索数组长度不一定正好等于斐波那契数列的数值，因此首次分割可能出现左侧数组长度大于右侧数组长度的情况。

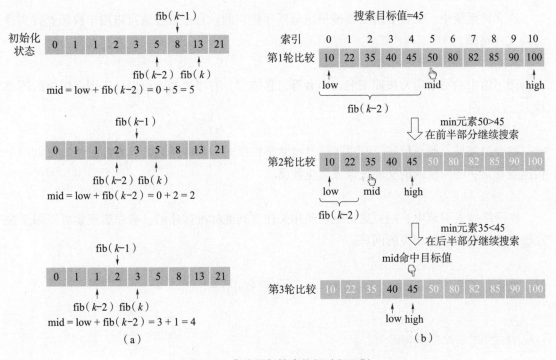

图 6.5　斐波那契搜索执行过程示例
（a）斐波那契分割值状态；（b）斐波那契搜索

斐波那契搜索的效率主要取决于黄金分割点的选择，而黄金分割点的选择保证了每一步都是按黄金分割比例来划分搜索区间。每次搜索时，搜索范围都会按照黄金分割的比例缩小，因此每一步都会将搜索范围缩小到大约一半大小。这类似二分搜索，但不同之处在于斐波那契搜索的黄金分割比例更接近实际数据的分布，因此在平均情况下，斐波那契搜索的时间复杂度更接近 $O(\log n)$。与二分搜索相比，斐波那契搜索并没有在时间复杂度上带来显著的改进。在平均情况下，它们的时间复杂度都是 $O(\log n)$。然而，斐波那契搜索对数据分布的适应性更好，对于某些特定情况下的数据集，可能比二分搜索更快速。需要提出的是，在最坏情况下，如果每次搜索的目标值每次都落在斐波那契分割的长半区，则虽然时间复杂度也是 $O(\log n)$，但是显然其搜索效率低于二分搜索。

6.3.5　有序表搜索的应用场景

有序表搜索在需要快速查找和检索数据的应用场景中都有广泛的应用。有序表搜索的常见应用场景如下。

1. 数据库索引的查找

数据库中的索引通常是按照顺序排列的，这样可以加速查询操作。有序表搜索可用于数据库索引的查找，例如在 B 树、B+树等索引结构中进行索引的查找。

2. 文件系统搜索

在文件系统中，文件名通常是按照字母顺序排列的。有序表搜索可以用于快速查找文件名或文件路径。

3. 图书馆中的图书检索

图书馆中的图书通常按照书名、作者等信息排序。有序表搜索可以用于图书馆中的图书检索。

4. 金融交易

在金融领域，股票价格、利率等信息通常是按照时间顺序排列的。有序表搜索可以用于快速查找某一时间段内的交易记录或历史数据。

5. 网络搜索引擎

在网络搜索引擎中，网页通常是按照相关性或其他标准排序的。有序表搜索可以用于快速检索与搜索关键词相关的网页。

6.4　二叉排序树

6.4.1　二叉排序树的概念

在有序数据集中查找数据时，有序表搜索可以实现基本的搜索功能，且不管是二分搜索、插值搜索还是斐波那契搜索，其搜索效率都比较高。但是，当业务上的功能不仅需要搜索数据，还需要频繁地插入和删除数据，同时要求有序数据集顺序存储时，维护数据集的有序性需要付出很高的时间成本。本节借用树这个数据结构来介绍既支持高效搜索又能够保证插入和删除效率的数据结构：二叉排序树。

二叉排序树（binary search tree，BST）也称为二叉查找树或二叉搜索树。它是一种具备以下特性的二叉树。

对于树中的任意节点：

（1）若其左子节点存在，则其左节点的值小于该节点的值；

（2）若其右子节点存在，则其右节点的值大于该节点的值。

换句话说，对于二叉排序树中的任意节点：

（1）若其左子树不为空，则其左子树中的所有节点的值都小于该节点的值；

（2）若其右子树不为空，则其右子树中的所有节点的值都大于该节点的值。

图 6.6 所示为二叉排序树和非二叉排序树示例。

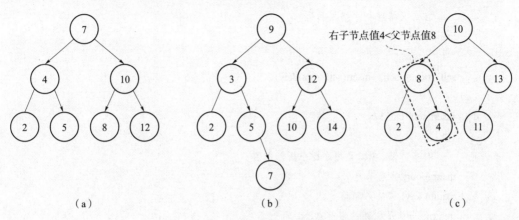

图 6.6 二叉排序树和非二叉排序树示例

（a），（b）二叉排序树；（c）非二叉排序树

根据二叉排序树的特性，对任意二叉排序树进行中序遍历，所得到的序列将是有序序列。图 6.7 所示为对图 6.6（a）所示二叉排序树进行中序遍历的过程及结果。

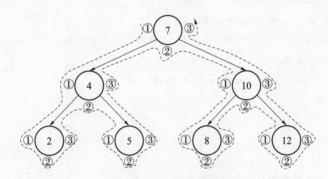

中序遍历即第②次经过节点时访问该节点，对应访问顺序：2，4，5，7，8，10，12

图 6.7 对二叉排序树进行中序遍历的过程及结果

6.4.2 二叉排序树的操作

二叉排序树主要是在需要频繁进行插入、删除和搜索操作的场景下应用，因此其基本操作应该包含二叉搜索树的基本操作，包括插入、删除、查找和中序遍历。下面是一个用 Python 定义的 BinarySearchTree 类，包含了二叉排序树的基本操作。

```python
class BinarySearchTree:
    def __init__(self):
        self.root = None        # 根节点

    def insert(self, key):
```

```python
    """
        在二叉排序树中插入新值
    :param key: 待插入新值
    """
    self. root = self. _insert(self. root, key)


def _insert(self, cur, key):
    """
        私有方法,在二叉排序树中插入新值
    :param cur: 当前节点
    :param key: 待插入新值
    :return: 当前子树新的根节点
    """
    if cur is None:# 如果当前节点为空,则创建一个新节点作为根节点
        return TreeNode(key)
    # 如果待插入的值小于当前节点的值,则递归地在左子树中插入
    if key < cur. data:
        cur. left = self. _insert(cur. left, key)
    # 如果待插入的值大于当前节点的值,则递归地在右子树中插入
    elif key > cur. data:
        cur. right = self. _insert(cur. right, key)
    return cur


def delete(self, key):
    """
        从二叉排序树中删除指定值
    :param key: 待删除值
    """
    self. root = self. _delete(self. root, key)


def _delete(self, cur, key):
    """
        私有方法,从二叉排序树中删除指定值
    :param cur: 当前子树根节点
    :param key: 待删除值
    :return: 删除之后当前子树的根节点
    """
    # 如果当前节点为空,则返回空节点
    if cur is None:
        return cur
```

```
        # 根据值比较递归地在左、右子树中查找并删除节点
        if key < cur.data:
            cur.left = self._delete(cur.left, key)
        elif key > cur.data:
            cur.right = self._delete(cur.right, key)
        else:
            # 如果要删除的节点只有一个子节点或无子节点，则直接删除
            if cur.left is None:
                temp = cur.right # 将当前子树根节点的右节点作为当前子树新的根节点
                cur = None # 删除当前子树根节点
                return temp
            elif cur.right is None:
                temp = cur.left # 将当前子树根节点的左节点作为当前子树新的根节点
                cur = None # 删除当前子树根节点
                return temp
            # 如果要删除的节点有两个子节点，则找到右子树中的最小节点
            temp = self._min_value_node(cur.right)
            # 将最小节点的值复制给当前节点，并递归地在右子树中删除最小节点
            cur.data = temp.data
            cur.right = self._delete(cur.right, temp.data)
        return cur


    def search(self, key):
        """
        在二叉排序树中搜索指定值
        :param key: 待搜索指定值
        :return: 对应待搜索指定的节点，返回 None 表示没有搜索到
        """
        return self._search(self.root, key)


    def _search(self, cur, key):
        """
        私有方法，在二叉排序子树中搜索指定值
        :param cur: 当前子树根节点
        :param key: 待搜索指定值
        :return: 对应待搜索指定的节点，返回 None 表示没有搜索到
        """
        if cur is None or cur.val == key:
```

```
                    return cur
            if key < cur. data:
                # 递归地在树中搜索指定值
                return self._search(cur. left, key)
            return self._search(cur. right, key)

        def _min_value_node(self, node):
            """
                私有方法 找到当前子树中的最小值
            :param node: 当前子树根节点
            :return: 对应最小值的节点
            """
            current = node
            # 二叉排序树最小值一定在左节点
            while current. left is not None:
                current = current. left
            return current

        def inorder_traversal(self):
            in_order(self. root)# 引用树的章节中定义的中序遍历方法
            print()
```

上述代码中引入了树的章节中介绍的树节点 TreeNode 和二叉树深度优先遍历中的中序遍历 in_order( ) 方法进行辅助实现。采用以下代码进行测试。

```
# 测试案例
bst = BinarySearchTree()
keys = [7, 4, 10, 2, 5,12, 8]

# 插入示例数据
for key in keys:
    bst. insert(key)

print("二叉排序树的中序遍历结果:")
bst. inorder_traversal()

# 删除指定节点并输出中序遍历结果
print("删除元素 10 对应节后中序遍历结果:")
bst. delete(10)
bst. inorder_traversal()
```

测试代码的执行结果如下。

二叉排序树的中序遍历结果：
2 4 5 7 8 10 12
删除元素 10 对应节后中序遍历结果：
2 4 5 7 8 12

图 6.8 所示为上述测试代码中通过插入元素操作构建二叉排序树的过程。

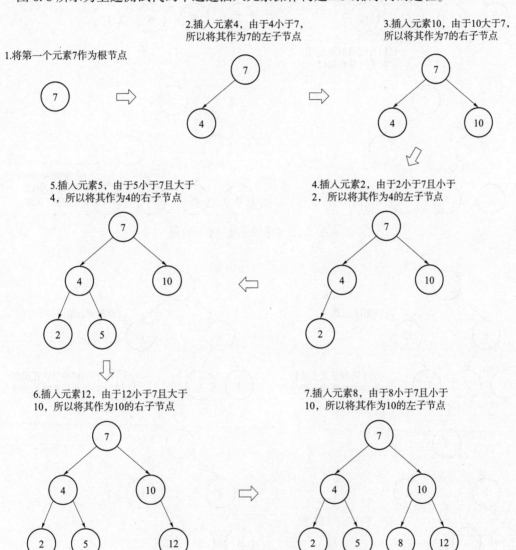

图 6.8 构建二叉排序树的过程

图 6.9 所示为测试代码中二叉排序树删除元素 10 的过程。

在图 6.9 中，删除的元素 10 所在节点具有左、右子树，因此需要找到右子树中的最小节点，将最小节点的值复制给当前节点，并递归地在右子树中删除最小节点。当二叉排序树中要删除的节点只有一个子节点或无子节点时，删除操作相对简单，直接将当前待删除节点的子节点取代当前待删除节点即可，如图 6.10 所示。

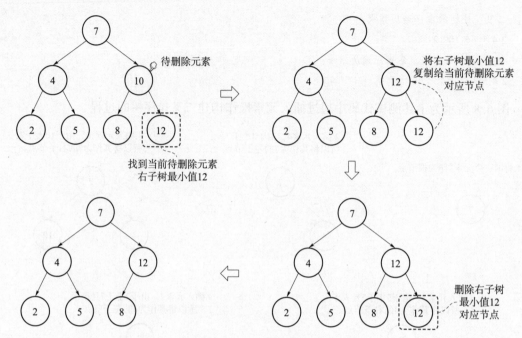

图 6.9　二叉排序树删除元素的过程

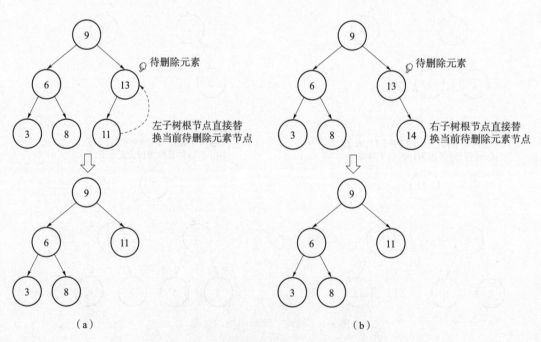

图 6.10　待删除元素只有一个子节点的情况
（a）只有左子节点的情况；（b）只有右子节点的情况

　　在使用二叉排序树的过程中需要注意一个问题，由于插入节点的顺序不同，随着程序执行删除和添加节点的操作，有时虽然二叉排序树的结构看似不同，但其所对应的有序序列是一致的，如图 6.11 所示。

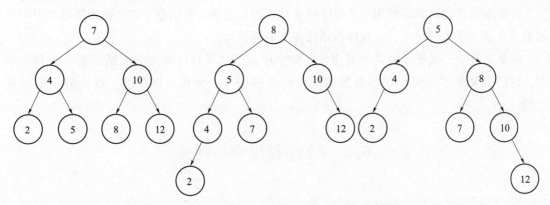

图 6.11　同一有序序列的不同二叉排序树表示

总的来说，二叉排序树在复杂度上具有以下特点。

（1）搜索效率高：在平均情况下，二叉排序树的搜索时间复杂度为 $O(\log n)$，其中 n 是二叉排序树的节点数。这是因为每次搜索都可以将搜索空间缩小到大约一半，即每次排除一半的节点，直到找到目标值或者确定目标值不存在。

（2）插入和删除效率较高：在平均情况下，二叉排序树的插入和删除操作的时间复杂度也为 $O(\log n)$。虽然在最坏情况下，插入和删除操作的时间复杂度可能为 $O(n)$（例如树退化成链表时），但是通过合适的平衡策略（如 AVL 树、红黑树等），可以保持二叉排序树的平衡，从而保证插入和删除操作的平均性能。

（3）空间复杂度高：二叉排序树的空间复杂度取决于其高度，通常为 $O(n)$。在最坏情况下，二叉排序树可能退化成链表，此时其高度为 n，空间复杂度为 $O(n)$。然而，在平衡情况下，二叉排序树的高度约为 $\log n$，空间复杂度则为 $O(\log n)$。

6.4.3　二叉排序树的应用场景

二叉排序树具有广泛的应用，特别是在需要频繁进行插入、删除和搜索操作的场景下，可以提供高效的数据存储和检索功能。二叉排序树的常见应用场景如下。

1. 数据库索引

许多数据库系统使用二叉排序树作为索引结构来加速数据检索操作。例如，在关系型数据库中，可以为某个列建立二叉排序树索引，以便快速检索特定值。

2. 排名系统

在排名系统（如排行榜、得分榜等）中，可以使用二叉排序树存储参与者的排名信息。这样可以实现快速的排名查询和更新操作。

3. 文件系统

许多文件系统使用二叉排序树来组织文件和目录结构。二叉排序树可以用于实现快速的文件和目录查找操作，使用户能够轻松地定位和访问文件。

4. 编译器和解释器

许多编译器和解释器使用二叉排序树来管理符号表和变量信息。二叉排序树可以用于快速查找变量和函数的定义，以及解析语法树中的标识符。

除此之外，二叉排序树具有有序性，即中序遍历二叉排序树得到的结果是一个有序序列，这使二叉排序树可以很容易地实现一些高级操作，例如查询范围、查找最小值和最大值。

6.5 哈希表与哈希搜索

6.5.1 哈希表与哈希搜索的概念

前面介绍的线性搜索的本质是通过遍历数据集合，依次比较每个元素，直到找到目标元素或者遍历完整个数据集合。有序表搜索和二叉排序树搜索也都在此基础上借助特殊的数据结构和搜索算法，以更快的速度进行比较筛选。可以看出，在这些搜索算法中"比较"这一动作是不可避免的，因此这些搜索算法在绝大多数情况下都难以突破 $O(\log n)$ 的时间复杂度。在实际的算法实践中，为了精益求精，降低搜索算法的时间复杂度，考虑能否通过一种无须进行元素比较就能直接定位目标元素的方式进行搜索，这就产生了一种新的数据结构：哈希表。

哈希表（Hash table，也称为散列表）是一种基于哈希函数的数据结构，用于存储键值对（key-value pair）。哈希表通常由一个数组和一组哈希函数组成，其实现的基本原理如下。

（1）数组存储桶（bucket）：哈希表内部包含一个固定大小的数组，每个数组元素称为一个桶或槽。这些桶用于存储键值对，有时也称该数组为 bucket（桶）数组。

（2）哈希函数映射：哈希函数的作用是通过某种算法将一个较大的输入空间映射到一个较小的输出空间。哈希函数映射是指将输入的数据（key）通过哈希函数转换成固定长度的哈希值或者索引。换句话说，哈希函数映射就是通过设计某个函数 f：

$$索引位置 = f(键值) = hash(key) \% 数组长度$$

（其中，哈希函数通过某种哈希算法 hash() 计算得到哈希值，对哈希函数结果进行数组长度取模是为了防止一些 key 映射后的值大于哈希表大小），使输入的任意 key 能够得到其在数组中的存储索引位置，这样在搜索指定关键字时，就可以不通过比较而直接获取对应元素。

例如，某学校社团需要管理 $n(n \geqslant 100)$ 个学生的信息，学生信息包括学生的姓名、学号、年龄、性别、班级等信息。如果要通过输入学号来查询对应的学生信息，则可以采用哈希表实现。

（1）哈希表内部存储键值对的数组初始化长度（即桶数量）为 100。

（2）键值对中的 key 为学号，value 为学生信息。

（3）为了简单起见，可以将哈希函数设计为学号值，并其结果进行数组长度的取模。由此得哈希函数映射定义如下：

$$数组索引位置\ index = f(\mathrm{key}) = \mathrm{key}\ \%\ 100$$

上述哈希表设计过程所对应的哈希表的逻辑结构表示如图 6.12 所示。

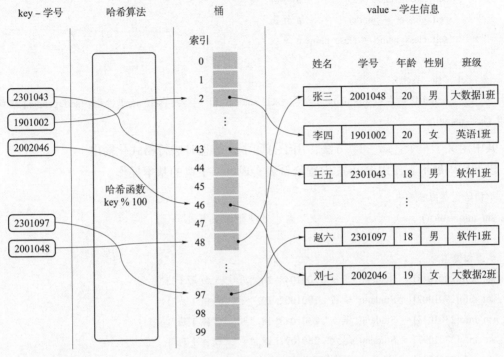

图 6.12　哈希表的逻辑结构表示

如图 6.12 所示，当需要搜索学号"2002046"对应的学生信息时，将学号作为 key，通过相应的哈希函数"key % 100"进行计算，得到数组索引位置 index = 46，再通过数组索引位置，找到对应的数组元素（桶）存储的实际学生信息存储位置，则可以访问学号"2002046"对应的学生信息。这个搜索过程就是哈希搜索（Hash search）。

哈希搜索就是一种利用哈希函数和哈希表进行快速搜索的算法。当需要搜索一个 key 对应的 value 时，哈希表会通过哈希函数计算该 key 在数组中的位置，并在该位置上进行搜索。由于哈希函数的设计使搜索操作的时间复杂度通常是 $O(1)$，即常数时间，所以哈希表天然能够实现快速的搜索操作。换句话说，哈希表本身既是一种数据结构实现，也是一种哈希算法实现。

6.5.2　哈希表实现

Python 中的字典本身就是一种基于哈希表的实现，它提供了高效的键值对存储和访问机制。

以本章 6.5.1 节介绍的学生信息管理案例为例，定义学生信息类如下。

```
class Student:
    def __init__(self, name, student_id, age, gender, class_name):
        self.name = name              # 姓名
        self.student_id = student_id  # 学号
        self.age = age                # 年龄
        self.gender = gender          # 性别
        self.class_name = class_name  # 班级

    def __str__(self):
        return f"姓名：{self.name},学号：{self.student_id},年龄：{self.age},性别：{self.gender},班级：{self.class_name}"
```

其中定义了一个__str__( )方法，用于打印学生信息时进行格式化输出。

以下代码展示了使用 Python 内置哈希表实现——字典的基本操作。

```
# 初始化空的哈希表
stu_info = dict()                          # 也可以直接 stu_info = {}

# 添加键值对
stu_info[2001048] = Student("张三", 2001048, 20, "男", "大数据 1 班")
stu_info[1901002] = Student("李四", 1901002, 20, "女", "英语 1 班")
stu_info[2301043] = Student("王五", 2301043, 18, "男", "软件 1 班")
stu_info[2301097] = Student("赵六", 2301097, 18, "男", "软件 1 班")
stu_info[2002046] = Student("刘七", 2002046, 19, "女", "大数据 2 班")

# 查询操作
print(stu_info[2002046])                   # 查询指定 key 对应的 value
print(stu_info.get(2002046))               # 使用 get() 方法查询 key 对应的 value

# 删除键值对
del stu_info[2002046]                       # 直接删除
removed_stu = stu_info.pop(2301097)         # 使用 pop() 方法删除指定键值对，并返回其值
print(removed_stu)
```

执行结果如下。

```
姓名：刘七,学号：2002046,年龄：19,性别：女,班级：大数据 2 班
姓名：刘七,学号：2002046,年龄：19,性别：女,班级：大数据 2 班
姓名：赵六,学号：2301097,年龄：18,性别：男,班级：软件 1 班
```

Python 中的字典隐藏了很多哈希表设计的细节，例如其中的哈希函数映射使用的也是 Python 内置的哈希算法，即将 key 作为参数进行转换（哈希运算+取余运算），得到一个唯一的地址（地址的索引）。因此，Python 内置的哈希函数映射定义如下：

$$f(\mathrm{key}) = \mathrm{hash}(\mathrm{key}) \% 哈希表大小$$

其中的 hash( ) 算法也是 Python 内置的散列算法，例如常见的 SHA 算法、MD5 算法，这些算法的目的主要是增加哈希值的随机性、安全性。这意味着如果没有其他特殊需求，只是希望使用哈希表和哈希搜索的特性，则可以直接使用字典。当对哈希表有特殊需求，例如希望自己设计哈希函数，那么也可以自己实现哈希表。其中，先将 key 和 value 封装成 Pair 类，用以表示键值对。代码如下。

```python
class Pair:
    def __init__(self, key, value):
        self.key = key      # 键
        self.value = value  # 值
```

在 Pair 类的基础上，借由数组简单地实现哈希表。代码如下。

```python
class HashTable:
    def __init__(self, initial_size=10):     # 默认哈希表大小为 10
        self.size = initial_size              # 初始化大小
        # 创建一个大小为 size 的数组,用于存储键值对列表
        self.buckets = [[] for _ in range(self.size)]

    def _hash(self, key):
        """哈希函数映射实现"""
        # 实现 hash(key) = key
        hash_value = key
        # 可采用其他的 hash( )算法,例如引入内置哈希函数
        # hash_value = hash(key)
        return hash_value % self.size          # 取模运算映射到数组索引

    def insert(self, pair):
        """插入键值对操作"""
        key = pair.key
        value = pair.value
        # 根据 key 计算哈希值,得到对应的数组索引
        index = self._hash(key)
        # 遍历对应索引处的键值对列表
        for p in self.buckets[index]:
            # 如果已存在相同的 key,则更新其对应的 value
            if p.key == key:
                p.value = value
                return
        # 否则将新的键值对添加到列表末尾,此处采用链式地址(简化为列表实现)解决冲突
        self.buckets[index].append(pair)
```

```python
    def search(self, key):
        """搜索操作"""
        # 根据 key 计算哈希值,得到对应的数组索引
        index = self._hash(key)
        # 遍历对应索引处的键值对列表
        for pair in self.buckets[index]:
            # 如果找到相同的 key,则返回其对应的 value
            if pair.key == key:
                return pair.value
        # 如果未找到相同的 key,则返回 None
        return None

    def delete(self, key):
        """删除键值对操作"""
        # 根据 key 计算哈希值,得到对应的数组索引
        index = self._hash(key)
        # 遍历对应索引处的键值对列表
        for i, pair in enumerate(self.buckets[index]):
            # 如果找到相同的 key,则删除该键值对
            if pair.key == key:
                del self.buckets[index][i]
                return
        # 如果未找到相同的 key,则抛出 KeyError 异常
        raise KeyError(f' 未找到相应的键-{key}' )

    def display(self):
        """打印整体哈希表"""
        for bucket in self.buckets:
            for pair in bucket:
                print(pair.key, pair.value, sep=" -> ")
```

使用以下代码进行测试。

```python
# 创建哈希表实例
hash_table = HashTable(100)


# 插入键值对
hash_table.insert(Pair(2001048, Student("张三", 2001048, 20, "男", "大数据 1 班")))
hash_table.insert(Pair(1901002, Student("李四", 1901002, 20, "女", "英语 1 班")))
hash_table.insert(Pair(2301043, Student("王五", 2301043, 18, "男", "软件 1 班")))
hash_table.insert(Pair(2301097, Student("赵六", 2301097, 18, "男", "软件 1 班")))
```

```
hash_table. insert(Pair(2002046, Student("刘七", 2002046, 19, "女", "大数据 2 班")))

# 查询键值对
print(hash_table. search(2002046))          # 输出学号 2002046 对应的学生信息

# 删除键值对
hash_table. delete(2002046)

# 再次查询键值对
print(hash_table. search(2002046))          # 输出：None

# 打印最终哈希表
hash_table. display()
```

测试代码的执行结果如下。

```
姓名:刘七,学号:2002046,年龄:19,性别:女,班级:大数据 2 班
None
1901002 -> 姓名:李四,学号:1901002,年龄:20,性别:女,班级:英语 1 班
2301043 -> 姓名:王五,学号:2301043,年龄:18,性别:男,班级:软件 1 班
2001048 -> 姓名:张三,学号:2001048,年龄:20,性别:男,班级:大数据 1 班
2301097 -> 姓名:赵六,学号:2301097,年龄:18,性别:男,班级:软件 1 班
```

上述测试代码中有两处根据学生信息管理案例进行了简化实现，在实际算法应用中可以根据实际需求进行优化。

（1）哈希函数实现优化。上述学生信息管理案例所使用的哈希函数单纯只是对学号进行取模 100 操作，最后得到学号尾部两位数，大部分学校的学号规则设计尾部两位数并不具备随机性，导致学生信息可能集中在桶数组的前部，容易发送哈希冲突。哈希函数的设计应尽量使不同的 key 能够均匀地映射到不同的位置，以减少哈希冲突的发生。在实际算法应用中，为了正确且均匀地映射到数组索引上，一般要运用 hash( ) 算法进行散列操作。例如，为了增加哈希函数结果的随机性，将实现代码中的_hash( ) 函数修改如下。

```
    def _hash(self, key):
        """哈希函数映射实现"""
        # 引入内置哈希函数
        return hash(key) % self. size
```

这里所使用的 hash( ) 算法是 Python 的内置哈希函数，它根据对象的内容或内存地址计算得到其哈希值，以实现快速的哈希算法。也可以引入一些成熟且常见的哈希算法，如 MD5 算法、SHA-1 算法、SHA-256 算法等。当然，引入哈希函数复杂性所带来的是哈希值计算成本的提升。

（2）引入哈希冲突的解决方式。关于哈希表中哈希冲突的问题，将在下一节详细讲解，此处只做简述。上述实现代码中算法的哈希冲突解决方式是采用链式地址，但是代码中并不是使用链表，而是使用列表作为冲突键值对的存储数据结构。在实际算法应用中，若数据量较大且存在较多的插入和删除操作，使用链表有利于降低变更冲突键值对的时间复杂度。

6.5.3 哈希冲突

哈希函数的作用是将一个由所有 key 组成的较大输入空间映射到一个由数组所有索引构成的较小输出空间，因此可能出现多个 key 被映射到同一个索引位置的情况，这种情况称为哈希冲突（Hash collision，也称为碰撞）。

如图 6.13 所示，"王五"和"陈八"两个学生的学号分别为"2301043"和"1901143"，但是经过哈希函数"key % 100"计算后映射到相同的索引位置 43。当不做任何处理时，每个数组元素对应的桶可存储一个键值对，因此只能保存"王五"和"陈八"两个学生信息对应存储位置中的一个，这里以覆盖的方式进行示例。当进行查询时，两个不同学号指向了同一个学生信息，这就是哈希冲突。处理哈希冲突一般有两种策略：扩容（resizing）、优化哈希表设计。

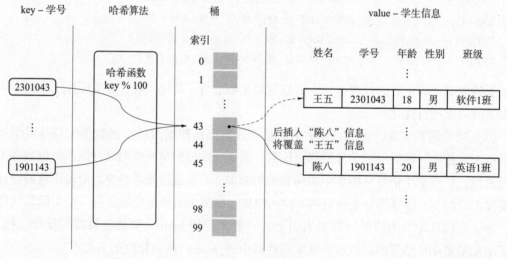

图 6.13　哈希冲突示例

1. 处理哈希冲突策略——扩容

扩容是通过创建一个新的、更大的哈希表，并将旧哈希表中的所有元素重新插入新哈希表来实现的。扩容的效果很明显，即哈希表容量越大，多个不同的 key 被分配到同一个桶中的概率就越低，哈希冲突就越少。因此，可以通过扩容来减少哈希冲突。

图 6.14 所示为在图 6.13 的基础上将哈希表扩容 2 倍，此时桶数组的大小为 200。原本存在哈希冲突的学号"2301043"和"1901143"在扩容后哈希冲突消失。扩容的基本步骤如下。

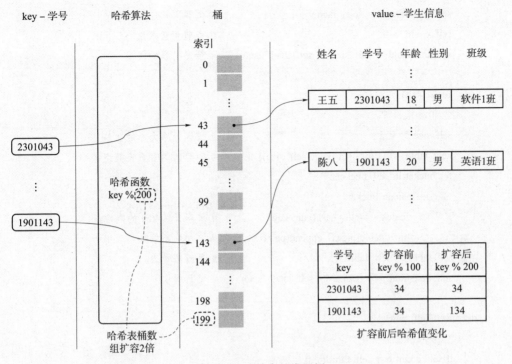

图 6.14 哈希表扩容示例

（1）创建新的哈希表：创建一个新的、更大的哈希表。如图 6.14 所示，哈希表扩容 2 倍。

（2）重新插入元素：遍历旧哈希表中的所有元素，对每个元素重新计算其在新哈希表中的位置，并将其插入新的位置。

（3）替换旧的哈希表：当所有元素都被插入新的哈希表后，旧的哈希表就被新的哈希表替换。

需要注意的是，扩容虽然在解决哈希冲突问题上简单粗暴，但是其操作代价较大，因为它需要创建新的哈希表，同时重新根据哈希函数计算哈希值并移动数据元素，在哈希表比较大的情况下，需要很高的空间成本和时间成本。

为了防止频繁扩容，大部分编程语言通常会预留足够大的哈希表容量，同时扩容时机的选择通常基于负载因子（load factor）。负载因子的定义为哈希表的元素数量除以桶数量，用于衡量哈希冲突的严重程度，也常作为哈希表扩容的触发条件。

基于 6.5.2 节实现的 HashTable 类，添加自动扩容的功能。实现扩容操作的参考代码如下。

```
class HashTable:
    def __init__(self, initial_size=10, load_factor=0.75):
        self.size = initial_size
        self.buckets = [[] for _ in range(self.size)]
```

```
            self. load_factor = load_factor              # 负载因子
            self. count = 0                              # 当前元素数量
            self. threshold = self. size * self. load_factor    # 触发扩容的阈值


    def _resize(self):
        """扩容操作"""
        self. size *= 2                                  # 扩容为原大小的 2 倍
        new_table = [[] for _ in range(self. size)]      # 创建新的哈希表数组
        for bucket in self. buckets:
            for pair in bucket:
                index = self. _hash(pair. key)           # 重新计算 key 的哈希值
                new_table[index]. append(pair)           # 添加到新的哈希表中
        self. table = new_table                          # 更新哈希表
        self. threshold = self. size * self. load_factor # 更新阈值


    def insert(self, pair):
        """插入键值对操作"""
        if self. count >= self. threshold:
            self. _resize()                              # 如果元素数量超过阈值,则扩容
        key = pair. key
        value = pair. value
        index = self. _hash(key)
        for p in self. buckets[index]:
            if p. key == key:
                p. value = value
                return
        self. buckets[index]. append(pair)
        self. count += 1                                 # 更新元素数量


    ......
```

上述代码的主要改动有 3 处。

（1）引入实例属性 load_factor、count、threshold。

load_factor 定义负载因子，默认取值为 0.75。count 用于统计当前哈希表中存储的元素数量。threshold 定义基于当前桶数组大小和负载因子对应触发扩容的阈值，即在默认情况下，当哈希表的元素数量达到桶数组大小的 3/4 时触发扩容。

（2）新增扩容操作方法。

新增_resize()方法，实现了哈希表扩容的基本步骤。这里定义每次扩容后哈希表都是原大小的 2 倍。

（3）修改插入操作，增加自动扩容触发条件。

修改键值对插入操作 insert( ) 方法，在每次插入键值对操作前先判断当前当哈希表的元素数量是否超过阈值，若超过则扩容，并在每次插入键值对操作后及时更新哈希表的元素数量。

2. 处理哈希冲突策略——优化哈希表设计

对于哈希冲突问题采用扩容操作，虽然方法简单有效，但是效率太低。同时，哈希函数设计的有限性使哈希冲突的发生不可避免，因此仅采用扩容进行哈希冲突处理可能造成频繁扩容。在实际应用中，为了提高数据结构和算法的效率，通常基于负载因子所体现的哈希冲突严重程度进行综合考量。

（1）当哈希冲突严重时，进行哈希表的扩容操作。

（2）当哈希冲突不严重时，使用一些技术方法优化哈希表设计，保证哈希表在面对哈希冲突时能够正确工作。

其中，常用于优化哈希表设计的技术方法包括链式地址法、开放寻址法。

1）链式地址法

链式地址哈希表是一种解决哈希冲突的方法（也称为拉链法），它将哈希表的每个槽（或桶）都设置为一个链表。当多个 key 映射到同一个哈希值时，它们会被存储在同一个槽中的链表中，这样每个槽可以存储多个键值对，而不仅是一个。

可以在图 6.13 的基础上思考链式地址法解决哈希冲突的实现方式。原本"王五"和"陈八"发生了哈希冲突，如果采用覆盖的方式，那么最终序号为 43 的桶中原始的"王五"学生信息只能被"陈八"学生信息覆盖。如果采用链式地址实现哈希表，则如图 6.15 所示，当学号"2301043"和"1901143"全部指向同一个哈希值序号 43 时，"王五"和"陈八"学生信息都被存储在序号为 43 的桶中，且发生哈希冲突的学生信息以链表的数据结构进行存储，序号为 43 的桶只指向该链表的头节点。

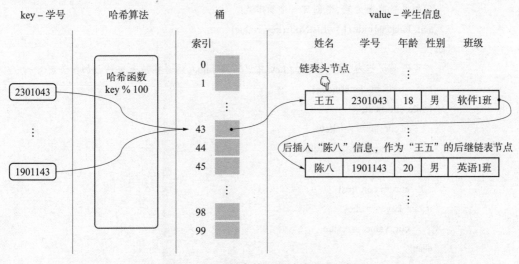

图 6.15　哈希表的链式地址实现示例

6.5.2 节中的 HashTable 类的本质也是基于链式地址的哈希表实现，但是代码中并不是使用链表，而是使用列表作为哈希冲突键值对的存储数据结构。以下是使用链表的简单哈希表实现代码。

```python
class ListNode:
    def __init__(self, key, value):
        self.key = key                 # 存储键值对中的 key
        self.value = value             # 存储键值对中的 value
        self.next = None               # 指向具有相同哈希值的下一个节点


class HashTable:
    def __init__(self, initial_size=10):    # 默认哈希表大小为 10
        self.size = initial_size
        # 创建一个大小为 size 的数组, 用于存储键值对链表
        self.buckets = [None] * self.size

    def _hash(self, key):
        """哈希函数映射实现"""
        return key % self.size

    def insert(self, pair):
        """插入键值对操作"""
        key = pair.key
        value = pair.value
        index = self._hash(key)
        if not self.buckets[index]:
            # 如果当前桶为空, 则创建一个新节点
            self.buckets[index] = ListNode(key, value)
        else:
            # 否则遍历链表, 找到相同的 key 并更新其 value, 或者在链表末尾添加新节点
            cur = self.buckets[index]
            while cur.next:
                if cur.key == key:
                    cur.value = value
                    return
                cur = cur.next
            if cur.key == key:
                cur.value = value
            else:
                cur.next = ListNode(key, value)
```

```
def search(self, key):
    """搜索操作"""
    index = self._hash(key)          # 根据 key 计算哈希值
    cur = self.buckets[index]        # 获取对应桶的链表头节点
    while cur:                       # 遍历链表,找到相同的 key 并返回其 value
        if cur.key == key:
            return cur.value
        cur = cur.next
    # 如果未找到相同的 key,则返回 None
    return None

def delete(self, key):
    """删除键值对操作"""
    index = self._hash(key)
        # 获取对应桶的链表头节点,并初始化当前节点和前一个节点
    cur = prev = self.buckets[index]
    while cur:                            # 遍历链表,找到相同的 key 并删除节点
        if cur.key == key:
            if cur == prev:               # 如果删除的是头节点,则更新桶的头节点
                self.buckets[index] = cur.next
            else:
                prev.next = cur.next
            return
        prev = cur
        cur = cur.next

def display(self):
    """打印整体哈希表"""
    for bucket in self.buckets:
        if not bucket:
            continue
        cur = bucket
        while cur:
            print(cur.key, end=" -> ")
            cur = cur.next
        print(cur)
```

采用以下测试代码测试存在哈希冲突时的情况。

```
# 创建哈希表实例
hash_table = HashTable(100)
```

```
# 插入键值对
hash_table. insert(Pair(2001048, Student("张三", 2001048, 20, "男", "大数据 1 班")))
hash_table. insert(Pair(1901002, Student("李四", 1901002, 20, "女", "英语 1 班")))
hash_table. insert(Pair(2301043, Student("王五", 2301043, 18, "男", "软件 1 班")))
hash_table. insert(Pair(2301097, Student("赵六", 2301097, 18, "男", "软件 1 班")))
hash_table. insert(Pair(2002046, Student("刘七", 2002046, 19, "女", "大数据 2 班")))
hash_table. insert(Pair(1901143, Student("陈八", 1901143, 20, "男", "英语 1 班")))

# 插入上述数据后的哈希表
print("插入数据后的哈希表链式地址结构:")
hash_table. display()

# 查询键值对
print(hash_table. search(1901143))   # 输出学号 1901143 对应学生信息

# 删除键值对
hash_table. delete(2301043)

# 再次查询键值对
print(hash_table. search(2301043))   # 输出:None

# 打印最终哈希表
print("删除键值 2301043 后的哈希表链式地址结构":)
hash_table. display()
```

测试代码的执行结果如下。

```
插入数据后的哈希表链式地址结构:
1901002 -> None
2301043 -> 1901143 -> None
2002046 -> None
2001048 -> None
2301097 -> None
姓名:陈八,学号:1901143,年龄:20,性别:男,班级:英语 1 班
None
删除键值 2301043 后的哈希表链式地址结构:
1901002 -> None
1901143 -> None
2002046 -> None
2001048 -> None
2301097 -> None
```

当考虑使用链式地址法解决哈希冲突时，到底使用列表还是链表来实现哈希表，需要根据现实业务需求判断。当业务需求以查询为主时，使用列表的效率更高。如果需要频繁地插入和删除键值对，那么使用链表的效率更高。

但是，不管使用链表还是列表实现链式地址结构的哈希表，当哈希冲突较为频繁时，都会存在以下问题。

（1）链表或者列表很长，导致查询时间复杂度为 $O(n)$，查询效率很低。

（2）链式地址结构会引入额外的数据结构，例如数组或者指针结构，它们在哈希冲突频繁的情况下都会占用大量内存空间。

2）开放寻址法

使用开放寻址法的哈希表同样使用哈希函数将 key 直接映射到数组的索引，当发生哈希冲突时，它不会像链式地址法那样将冲突的键值对放在链表中，而是会尝试寻找数组的其他空桶来存储。开放寻址法的主要思想是，当发生哈希冲突时，不引入额外的数据结构，而是通过一系列探测方法在哈希表中寻找下一个空桶。这里所说的探测方法主要如下。

（1）线性探测法。

在发生哈希冲突时，线性探测法采用固定步长的线性搜索顺序查找下一个空桶，直到找到一个空桶为止。具体来说，如果采用固定步长为 1 的线性搜索，则当计算出的哈希值对应位置已经被占用时，就往后移动一个桶，直到找到一个空桶为止。若 $f(k)$ 代表键 k 的哈希值，那么固定步长为 1 的线性探测法对应的探测序列为

$$f(k), f(k)+1, f(k)+2, \cdots, f(k)+i$$

如图 6.16 所示，依次插入学号"2301043""1901143""2002043"对应的键值对。这 3 个学号在哈希函数"key % 100"的计算下，哈希值对应桶数组中序号为 43 的桶，但是学号"1901143""2002043"对应的键值对插入时，哈希值 43 对应的位置已经被学号"2301043"占用，因此只能顺序往后查找下一个空桶，最终学号"1901143"和"2002043"分别落在序号为 44 和 45 的桶上。

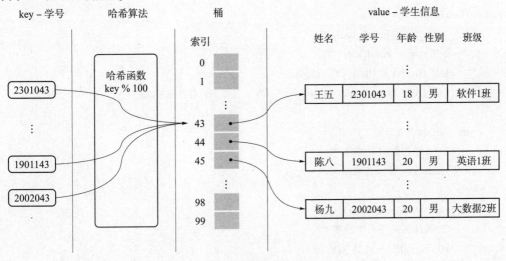

图 6.16 哈希表的开放寻址-线性探测法实现示例

当发生哈希冲突时，线性探测法会顺序地查找下一个空桶，如果某一段连续的桶被填充，那么探测序列中的连续探测位置就会在这个区域内，这就会导致后续插入的键值对都聚集在这个区域内，这种现象称为"聚集现象"。聚集现象会影响哈希表的性能，因为当哈希表中的某个区域密度过大时，会增加查找、插入和删除操作的时间复杂度。特别是在聚集现象严重的情况下，哈希表的性能可能急剧下降，甚至变得不稳定。

（2）二次探测法。

在发生哈希冲突时，二次探测法不是顺序地查找下一个空桶，而是通过一个二次方程来计算下一个探测位置，因此这种方法有时也称为"平方探测法"。具体来说，设 $f(k)$ 代表键 k 的哈希值，如果计算出的哈希值对应的数组位置已经被占用，就计算下一个探测位置 $f(k)+i^2$ 或 $f(k)-i^2$，其中 i 是探测的次数。因此，二次探测法的探测序列为

$$f(k), f(k)+1^2, f(k)-1^2, f(k)+2^2, f(k)-2^2, \cdots, f(k)+i^2, f(k)-i^2$$

二次探测法通过跳过探测次数平方的距离来寻找空位置，可以使数据分布更加均匀，缓解线性探测法的聚集效应。

（3）双重散列法。

双重散列法使用两个不同的哈希函数来计算下一个探测位置。具体来说，如果计算出的探测位置已经被占用，就通过第二个哈希函数计算下一个探测位置。这样做的目的是尽量避免连续的探测序列，以减少聚集现象的发生，即在哈希函数 $f_1(k)$ 存在冲突的情况下，尝试使用第二个哈希函数 $f_2(k)$。即使在双重散列法，还是有可能存在两个哈希函数都发生冲突的情况，因此有时会在双重散列法的基础上叠加线性探测法。由此双重散列法的探测序列为

$$f_1(k), f_2(k), f_1(k)+1, f_2(k)+1, f_1(k)+2, f_2(k)+2, \cdots$$

还可以对双重散列法进行扩展，采用 $n(n > 2)$ 个哈希函数 $f_1(k), f_2(k), f_3(k), \cdots, f_n(k)$ 依次进行探测，以减小引入线性探测法所带来的聚集现象的影响，这就是所谓的"多重散列法"。当然，与单纯的线性探测法相比，双重散列法和多重散列法都不易产生聚集现象，但多个哈希函数会带来额外的计算量。

上面介绍了3种不同的开放寻址法的常用探测方法，下面介绍使用线性探测法解决哈希冲突的哈希表简单实现。代码如下。

```python
class HashTable:
    def __init__(self, initial_size=10):
        self.size = initial_size
        self.buckets = [None] * self.size
        self.DELETED_FLAG = Pair(-1, "-1")        # 懒删除标志

    def _hash(self, key):
        """哈希函数映射实现"""
        return key % self.size

    def _next_index(self, index):
        """线性探测下一个位置"""
        return (index + 1) % self.size
```

```python
def insert(self, pair):
    """插入键值对操作"""
    # 根据 key 计算哈希值,得到对应的数组索引
    index = self._hash(pair. key)
    # 线性探测,找到下一个空桶
    while self. buckets[index] is not None \
            and self. buckets[index] ! = self. DELETED_FLAG:
        # 如果 key 已存在,则更新 value
        if self. buckets[index]. key == pair. key:
            self. buckets[index]. value = pair. value
            return
        index = self. _next_index(index)
    # 将键值对插入到空桶
    self. buckets[index] = pair


def search(self, key):
    """搜索操作"""
    # 根据 key 计算哈希值,得到对应的数组索引
    index = self. _hash(key)
    # 线性搜索,直到遇到空桶结束
    while self. buckets[index] is not None:
        # 如果找到对应 key,则返回
        if self. buckets[index]. key == key:
            return self. buckets[index]. value
        index = self. _next_index(index)
    # 如果未找到相同的 key,则返回 None
    return None


def delete(self, key):
    """删除键值对操作"""
    # 根据 key 计算哈希值,得到对应的数组索引
    index = self. _hash(key)
    # 线性搜索,直到遇到空桶结束
    while self. buckets[index] is not None:
        # 如果找到对应 key,执行懒删除后返回
        if self. buckets[index]. key == key:
            self. buckets[index] = self. DELETED_FLAG  # 懒删除
            return
        index = self. _next_index(index)
    # 如果未找到相同的 key,则抛出 KeyError 异常
    raise KeyError(f' 未找到相应的键-{key}' )
```

```
        def display(self):
            """打印整体哈希表"""
            for index, bucket in enumerate(self. buckets):
                if bucket is None:
                    continue
                print(index, end=": ")
                print(bucket. key, bucket. value, sep=" -> ")
```

这里有个特别的地方需要注意, 删除元素不能直接将对应桶置为 None, 因为当再次进行查询操作时, 线性探测法遇到空桶就会返回, 这可能导致空桶之后的所有元素都无法再被访问。

为了解决该问题, 引入懒删除 (lazy deletion) 机制, 即不直接从哈希表中删除元素, 而是通过引入一个 DELETED_FLAG 变量来标记对应地址的桶是被执行过删除操作的, 这是一种软性删除的过程。DELETED_FLAG 标记主要用于区分 None。在执行查询操作时, 当线性探测法遇到 DELETED_FLAG 时应该继续遍历, 因为其后还可能存在目标键值对。在执行插入操作时, 当线性探测法遇到 DELETED_FLAG 时, 则可以放置插入的键值对。

使用以下测试代码测试当存在哈希冲突时线性探测法的执行情况。

```
# 创建哈希表实例
hash_table = HashTable(100)


# 插入键值对
hash_table. insert(Pair(2001048, Student("张三", 2001048, 20, "男", "大数据 1 班")))
hash_table. insert(Pair(1901002, Student("李四", 1901002, 20, "女", "英语 1 班")))
hash_table. insert(Pair(2301043, Student("王五", 2301043, 18, "男", "软件 1 班")))
hash_table. insert(Pair(2301097, Student("赵六", 2301097, 18, "男", "软件 1 班")))
hash_table. insert(Pair(2002046, Student("刘七", 2002046, 19, "女", "大数据 2 班")))
hash_table. insert(Pair(1901143, Student("陈八", 1901143, 20, "男", "英语 1 班")))
hash_table. insert(Pair(2002043, Student("杨九", 2002043, 20, "男", "大数据 2 班")))


# 插入上述数据后的哈希表
print("插入数据后的线性探测哈希表结构:")
hash_table. display()


# 查询键值对
print(hash_table. search(2002043))        # 输出学号"2002043"对应的学生信息


# 删除键值对
hash_table. delete(2301043)


# 再次查询键值对
```

```
print(hash_table. search(2301043))            # 输出：None

# 打印最终哈希表
print("删除键值 2301043 后的线性探测哈希表结构：")
hash_table. display()
```

测试代码的执行结果如下。

插入数据后的线性探测哈希表结构：

2: 1901002 -> 姓名：李四,学号：1901002,年龄：20,性别：女,班级：英语 1 班

43: 2301043 -> 姓名：王五,学号：2301043,年龄：18,性别：男,班级：软件 1 班

44: 1901143 -> 姓名：陈八,学号：1901143,年龄：20,性别：男,班级：英语 1 班

45: 2002043 -> 姓名：杨九,学号：2002043,年龄：20,性别：男,班级：大数据 2 班

46: 2002046 -> 姓名：刘七,学号：2002046,年龄：19,性别：女,班级：大数据 2 班

48: 2001048 -> 姓名：张三,学号：2001048,年龄：20,性别：男,班级：大数据 1 班

97: 2301097 -> 姓名：赵六,学号：2301097,年龄：18,性别：男,班级：软件 1 班

姓名：杨九,学号：2002043,年龄：20,性别：男,班级：大数据 2 班

None

删除键值 2301043 后的线性探测哈希表结构：

2: 1901002 -> 姓名：李四,学号：1901002,年龄：20,性别：女,班级：英语 1 班

43: -1 -> -1

44: 1901143 -> 姓名：陈八,学号：1901143,年龄：20,性别：男,班级：英语 1 班

45: 2002043 -> 姓名：杨九,学号：2002043,年龄：20,性别：男,班级：大数据 2 班

46: 2002046 -> 姓名：刘七,学号：2002046,年龄：19,性别：女,班级：大数据 2 班

48: 2001048 -> 姓名：张三,学号：2001048,年龄：20,性别：男,班级：大数据 1 班

97: 2301097 -> 姓名：赵六,学号：2301097,年龄：18,性别：男,班级：软件 1 班

　　上述代码中引入的懒删除机制也存在一些缺点。其一是删除操作不会立即释放空间，可能导致数据结构占用过多内存空间。其二是懒删除机制可能加速哈希表的搜索性能退化，每次删除都会引入一个 DELETED_FLAG 标记，当删除操作比较频繁时，可能导致哈希表中存在大量的 DELETED_FLAG 标记，进而在执行线性探测法时可能需要跳过多个 DELETED_FLAG 标记才能找到目标元素，最终导致搜索时间增加。如图 6.17 所示，当以 key "2002043" 进行搜索时，基于哈希函数计算的哈希值为 43，但是实际需要执行线性探测法到序号为 55 的桶才会命中目标值。

　　当然，针对懒删除机制导致哈希表搜索性能退化也有优化方案，例如进行搜索操作时可以考虑在执行线性探测法时将搜索到的目标元素与首次遇到的 DELETED_FLAG 标记进行位置交换。这样做的好处是元素会被逐渐移动至离探测起始点更近的桶，从而优化查询效率。具体实现代码这里不做展开，有兴趣的学生可以自己尝试在上述代码的基础上实现。

　　综上，在哈希冲突频繁的情况下，不管采用链式地址法还是开放寻址法，都有时间和空间上的局限性，因此在哈希冲突频繁的情况下还是应该寻求扩容或者优化哈希表设计等方法来减少哈希冲突。

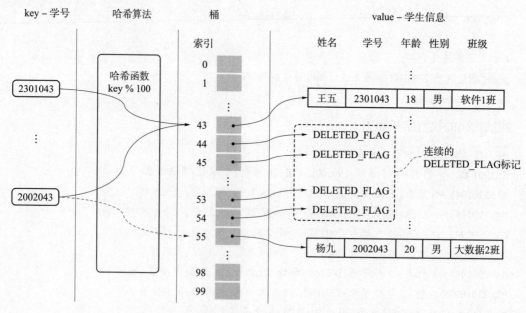

图 6.17　懒删除机制导致哈希表搜索性能退化示例

不过遗憾的是，不管是使用扩容还是优化哈希表设计的手段，对于哈希冲突只能做到尽量减少，因此理论上哈希冲突是不可避免的。如前所述，减少哈希冲突的手段会带来哈希表操作时间复杂度的提升，在实际应用中要权衡减少哈希冲突和提升时间复杂度二者的利弊，进行综合考量。

6.5.4　哈希表与哈希搜索的应用场景

1. URL 短链接服务

URL 短链接服务通过哈希算法，使长链接可以被有效地压缩为短链接，并且可以快速地进行查找和重定向操作，满足了 URL 短链接服务的核心需求，为用户提供方便快捷的网页访问体验。

2. 缓存系统

缓存系统通常使用哈希表存储缓存数据，例如 Memcached 、Redis 和 Google Guava Cache。哈希表可以实现快速的数据存取操作，提高缓存系统的访问效率。哈希搜索算法可以用于生成缓存数据的键值对，实现快速的数据检索和更新。

3. 数据库索引

哈希表常被用于数据库中的索引结构，例如哈希索引。在数据库查询过程中，通过哈希索引可以快速定位到数据对象，提高查询效率。哈希搜索算法可以用于生成哈希索引的键值对，实现快速的数据检索。

4. 分布式系统负载均衡

在分布式系统中，哈希表和哈希搜索算法经常用于路由选择和负载均衡。例如一致性哈希算法将数据键映射为哈希值，并通过哈希表将数据分散存储在不同的节点上，实现了数据的均匀分布和负载均衡。

6.6　小结与习题

6.6.1　小结

本章深入探讨了搜索算法在数据结构与算法中的重要性和应用。本章从简单直观的线性搜索开始，逐步介绍了有序表搜索、二叉排序树和哈希表等更高效的搜索数据结构和算法。

首先，介绍了线性搜索算法的基本原理和应用场景，虽然其时间复杂度较高，但在小规模数据集合中仍然具有一定的实用价值。接着，深入研究了有序表搜索算法，包括二分搜索、插值搜索和斐波那契搜索等算法。这些算法利用数据的有序性质，在大规模数据集合中实现了高效的搜索和查找。进一步，介绍了二叉排序树（一种灵活高效的搜索数据结构），以及它在数据库索引、文件系统等领域的应用场景。最后，深入探讨了哈希表和哈希搜索中的应用。哈希表通过哈希函数将数据映射到数组中的位置，实现了快速的数据存取和检索操作。

通过本章的学习，学生应对搜索算法有更深入的理解，并学会如何选择合适的搜索数据结构和算法来解决实际问题。搜索算法是数据结构与算法中的重要内容，它们的优化和应用对于提高程序的效率和性能至关重要。

6.6.2　习题

一、选择题

1. 在线性搜索中，算法的时间复杂度是（　　）。

A. $O(1)$　　　　　B. $O(\log n)$　　　　　C. $O(n)$　　　　　D. $O(n^2)$

2. 插值搜索算法适用于数据分布（　　）的情况。

A. 不均匀　　　　　B. 均匀　　　　　C. 随机　　　　　D. 不确定

3. 二叉排序树的中序遍历结果是（　　）。

A. 从左到右依次输出节点值

B. 从右到左依次输出节点值

C. 先输出根节点，再输出左子树，最后输出右子树

D. 先输出左子树，再输出根节点，最后输出右子树

4. 在哈希冲突解决方法中，开放寻址法和链式地址法是两种常见的方法，它们的区别主要在于（　　）。

A. 哈希冲突发生时的处理方式　　　　B. 哈希函数的设计

C. 哈希表的扩容策略　　　　D. 哈希冲突数据的存储方式

5. 哈希搜索算法的时间复杂度通常是（　　）。

A. $O(1)$　　　　　B. $O(\log n)$

C. $O(n)$　　　　　D. $O(n^2)$

二、判断题

1. 有序表搜索算法的时间复杂度通常是 $O(\log n)$。 （　　）

2. 二叉排序树的节点删除操作需要考虑节点的子节点情况。 （　　）

3. 斐波那契搜索算法的时间复杂度比二分搜索算法更高。 （　　）

三、填空题

1. 二分搜索算法的时间复杂度是＿＿＿＿＿。

2. 当哈希表中的负载因子超过某个阈值时，可以选择对哈希表进行＿＿＿＿＿＿，以减少哈希冲突并保持搜索效率。

6.7　实训任务

实训任务：商品库存管理系统

【任务描述】

某软件工程师受雇于一家电商公司，负责开发一个商品库存管理系统，以帮助库存管理员和销售人员更有效地管理和查询商品库存信息。商品采用面对对象设计，具体定义如下。

```python
class Product:
    def __init__(self, name, quantity):
        self.name = name     # 商品名称
        self.quantity = quantity   # 库存量
```

现有以下几种实现方案可供选择。

（1）使用哈希表作为数据结构实现商品库存管理。

实现一个哈希表类，包括哈希函数设计、哈希冲突处理、插入、查找和删除等方法；然后利用哈希表作为数据结构实现商品库存管理系统，将商品信息存储在哈希表中，允许通过哈希表对商品进行增、删、改、查。

（2）使用列表作为数据结构，并使用以下搜索算法。

① 线性搜索：实现一个函数，接收目标商品名称作为输入，在商品列表中进行线性搜索，返回目标商品的库存量。如果未找到目标商品，则返回 −1。

② 二分搜索：实现一个函数，接收目标商品名称作为输入，在有序商品列表中进行二分搜索，返回目标商品的库存量。如果未找到目标商品，则返回 −1。

③ 插值搜索：实现一个函数，接收目标商品名称作为输入，在有序商品列表中进行插值搜索，返回目标商品的库存量。如果未找到目标商品，则返回 −1。

④ 斐波那契搜索：实现一个函数，接收目标商品名称作为输入，在有序商品列表中进行斐波那契搜索，返回目标商品的库存量。如果未找到目标商品，则返回 −1。

上述提到的有序商品列表基于商品名称（字符串）比较字典序差距，比较算法的参考实现代码如下。

```
def get_string_difference(str1, str2):
    """
        用于比较字符串 str1 和 str2 的字典序差距
    :param str1:
    :param str2:
    :return: 字典序差距
    """
    # 找出两个字符串中较短字符串的长度
    min_length = min(len(str1), len(str2))

    # 遍历字符串,找到第一个不相等的字符位置
    for i in range(min_length):
        if str1[i] ! = str2[i]:
            return ord(str1[i]) - ord(str2[i])

    # 如果前面的字符都相等,那么返回长度差
    return len(str1) - len(str2)
```

请分别实现上述两种分别以哈希表和列表作为数据结构的方案,并对比分析其优、缺点。

6.8　课外拓展

拓展任务:算法优化比较研究

【任务描述】

为了帮助学生深入理解搜索算法的原理和性能特点,通过比较不同搜索算法的性能,学会如何进行性能测试和分析。在本任务中,学生进行分组探究,首先各组选择并实现几种常见的搜索算法,例如线性搜索、二分搜索、插值搜索等;然后在不同规模和数据分布的数据集上进行性能测试;最后比较和分析各种算法的运行时间、内存占用等性能指标,并讨论可能的优化策略。

【任务步骤】

(1) 选择搜索算法。小组选择要研究和比较的搜索算法。常见的搜索算法包括线性搜索、二分搜索、插值搜索、斐波那契搜索等。可以根据自己的兴趣和研究需求选择其中几种算法。

(2) 实现搜索算法。小组根据所选算法的原理和实现思路,编写相应的算法代码。在实现过程中,需要考虑算法的正确性和效率,并确保代码的可读性和可维护性。

（3）准备数据集。需要准备用于性能测试的数据集。数据集中的数据可以是真实的数据，也可以是模拟生成的数据。可以选择不同规模和数据分布的数据集，以便全面评估算法的性能。

（4）进行性能测试。在准备好数据集后，对实现的搜索算法进行性能测试。需要编写测试代码，运行算法并记录各种性能指标，如运行时间、占用内存等。

（5）进行结果分析。对收集的性能数据进行分析，并进行比较。可以绘制性能曲线、计算平均运行时间等，以便更直观地比较各种算法的优势和劣势。

（6）讨论优化策略。小组讨论可能的优化策略，包括算法级别和实现级别的优化策略。可以根据实际测试结果和算法原理，提出改进算法性能的建议和方向。

第 7 章

排序算法

本章学习目标

　　本章旨在使学生深刻理解排序算法在数据处理中的核心作用，掌握各种排序算法的基本原理和实现步骤。通过学习，学生应能够独立使用编程语言实现所学的排序算法，并能够对这些排序算法进行性能分析，包括时间复杂度、空间复杂度和稳定性等。此外，学生将学会如何根据不同的应用场景和数据特性选择合适的排序算法，并了解如何对基本排序算法进行优化以提高排序效率。通过实践性的实训任务和课外拓展，学生将有机会将理论知识应用于解决实际问题，从而加深对排序算法的全面理解，并提升解决复杂问题的能力。

学习要点

　　√ 排序算法的定义
　　√ 基于比较的排序算法（冒泡排序、选择排序、插入排序、快速排序、归并排序）
　　√ 非基于比较的排序算法（桶排序、计数排序、基数排序）
　　√ 排序算法的分析

7.1 案例：电商平台商品列表

7.1.1 案例描述

　　假设某电商平台上有数以万计的商品需要进行排序展示，以便顾客能够方便地找到自己感兴趣的商品。这些商品的排序需要根据不同的指标进行，例如价格、销量、评分等，如图 7.1 所示。

　　为了简单起见，假设现在有一个商品列表，包括商品名称、价格、销量和评分等信息。需要对这个商品列表根据不同的指标进行排序，以便顾客可以按照自己的偏好浏览商品。

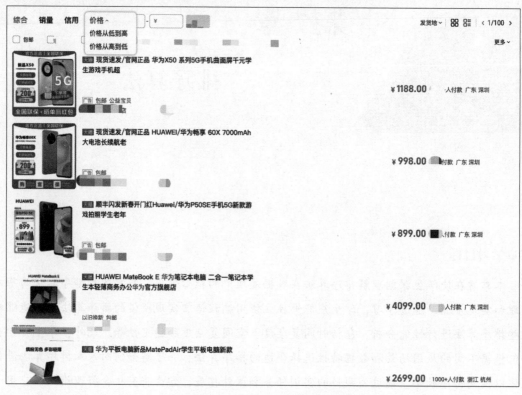

图 7.1　电商平台商品列表

7.1.2 案例实现

　　下面使用一种最简单直接的算法思路实现对商品列表进行按价格从高到低排序。具体步骤如下。

　　（1）新建一个空列表。

　　（2）从待排序商品列表中取出价格最高的商品，并放入新列表的末尾。

　　（3）重复步骤（2），直到待排序商品列表中的商品被取光。

　　按照上述步骤，对应的 Python 实现参考代码如下。

```python
def simple_sort_by_price(products):
    sorted_products = []     # 新建一个空列表
    while products:          # 当待排序商品列表不为空时
        # 取出待排序商品列表中价格最高的商品
        max_price_product = products[0]
        for product in products:
            if product["price"] > max_price_product["price"]:
                max_price_product = product
        # 将价格最高的商品放入新列表的末尾
        sorted_products. append(max_price_product)
```

```
                # 从待排序商品列表中移除已排序的商品
            products. remove(max_price_product)
        return sorted_products


    # 测试商品列表
    test_products = [
        {' name' : ' 冰箱', ' price' : 4108, ' sales' : 3286, ' rating' : 4. 4},
        {' name' : ' 手表', ' price' : 458, ' sales' : 2183, ' rating' : 4. 2},
        {' name' : ' 电视', ' price' : 4878, ' sales' : 2405, ' rating' : 4. 2},
        {' name' : ' 洗衣机', ' price' : 1756, ' sales' : 4223, ' rating' : 3. 6},
        {' name' : ' 空调', ' price' : 3440, ' sales' : 2676, ' rating' : 4. 6},
    ]


    # 执行排序操作
    sorted_products = simple_sort_by_price(test_products. copy())
    # 打印排序后结果
    print("按价格从高到低排序后的商品列表:")
    for product in sorted_products:
        print(product)
```

执行结果如下。

```
按价格从高到低排序后的商品列表:
{' name' : ' 电视', ' price' : 4878, ' sales' : 2405, ' rating' : 4. 2}
{' name' : ' 冰箱', ' price' : 4108, ' sales' : 3286, ' rating' : 4. 4}
{' name' : ' 空调', ' price' : 3440, ' sales' : 2676, ' rating' : 4. 6}
{' name' : ' 洗衣机', ' price' : 1756, ' sales' : 4223, ' rating' : 3. 6}
{' name' : ' 手表', ' price' : 458, ' sales' : 2183, ' rating' : 4. 2}
```

在上述实现代码中，当商品数量较大时，每次找到价格最高的商品后都需要进行一次线性搜索，这会导致时间复杂度较高。同时，需要借助一个额外的数组进行辅助排序，对应的空间复杂度也较高。可以看出，排序算法的选择直接影响了用户体验和网站性能。因此，需要深入了解各种排序算法的原理、特点和性能，以便在实际应用中选择最合适的排序算法来优化商品排序功能。下面探讨关于排序算法的知识。

7.2　排序算法

7.2.1　排序算法的定义

排序算法是一种将一组数据按照特定规则进行重新排列的算法。其主要目的是将数据按照某种顺序排列，使数据具有可读性、易于查找和操作。如图 7.2 所示，排序算法可以按照不同的规则对数据进行排序，例如按照数字大小、字母顺序（ASCII 码顺序）或其他自定义规则等。

在图 7.2 中，自定义排序规则是先按照薪资从高到低降序排序，如果薪资相同，再按照职位字典序升序排序。

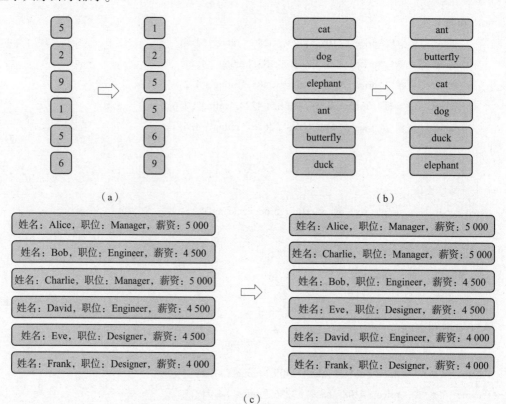

（a）   （b）

（c）

图 7.2 不同排序规则示例

（a）按照数值大小升序排序；（b）按照字典序升序排序；
（c）自定义排序：先按照薪资降序排序，再按照职位字典序升序排序

本章后续介绍的排序算法，如无特殊说明，均为按照数字大小升序（从小到大）排序。

7.2.2 常见排序算法

排序算法是数据处理中不可或缺的一部分，它们能够高效地整理数据，使数据按照特定的顺序排列。这些排序算法可以大致分为两大类：基于比较的排序算法以及非基于比较的排序算法。

基于比较的排序算法是通过不断地比较元素的大小，并根据比较结果交换元素的位置，逐渐将序列整理成有序状态。这类排序算法中常见的如下。

（1）插入排序（insertion sort）；

（2）选择排序（selection sort）；

（3）冒泡排序（bubble sort）；

（4）快速排序（quick sort）；

（5）归并排序（merge sort）。

非基于比较的排序算法利用元素的特定属性或借助额外的数据结构进行排序。它们通过统计元素的频率，将数据分配到桶中或按照位数进行排序等方式，避免了直接的比较和交换操作，从而在某些特定情况下能够提供更高效的排序效果。这类算法中比较具有代表性的如下。

（1）桶排序（bucket sort）；

（2）计数排序（counting sort）；

（3）基数排序（radix sort）。

7.2.3　排序算法分析

排序算法分析可以从多个维度进行，有助于全面理解和评估不同排序算法的性能和适用性。以下是一些主要的分析维度。

1. 时间复杂度

时间复杂度是评估排序算法性能的重要指标。时间复杂度通常表示为算法执行所需时间与输入数据规模（例如 n，在排序算法中一般表示待排序元素的数量）的关系。在理想情况下，人们希望选择时间复杂度较低的算法，特别是在大数据集的情况下，时间复杂度显得至关重要。

2. 空间复杂度

排序算法的空间复杂度主要是考虑其是否进行原地排序。所谓原地排序（in-place sorting），指的是在排序过程中不申请多余的存储空间，只利用原来存储的待排序数据的存储空间进行比较和交换。这种排序方式的空间复杂度通常为 $O(1)$，因为它不需要额外的存储空间，或者说仅需要少量与输入数据规模无关的额外存储空间。相反，非原地排序（out-of-place sorting）在排序过程中需要申请额外的存储空间。这些算法的空间复杂度通常与输入数据规模相关，可能是线性复杂度或者其他复杂度。

3. 稳定性

排序算法的稳定性是指，在排序过程中，如果有两个或多个关键字相同的记录，排序后它们的相对次序是否保持不变。如果保持相对次序不变，则称这种排序算法是稳定的；否则，称这种排序算法是不稳定的。

例如，对人员列表按照年龄进行升序排序，稳定排序和不稳定排序的结果如图 7.3 所示。在原始列表中，"李四"和"王五"的年龄都是 18，且"李四"位于"王五"之前，经过稳定排序后，"李四"还是位于"王五"之前，但是经过不稳定排序后，"李四"位于"王五"之后。

综上所述，排序算法的分析涉及多个维度，在实际应用中，需要根据具体的应用场景和需求综合考虑时间复杂度、空间复杂度（是否原地排序）、稳定性等因素，有时可能还需要考虑算法的适用场景、实现难度以及可并行性等因素。

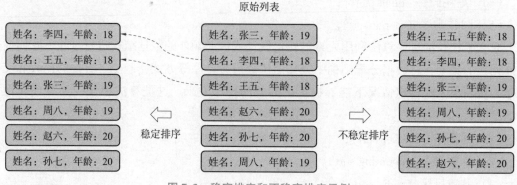

图 7.3　稳定排序和不稳定排序示例

7.3　插入排序

7.3.1　算法原理

插入排序是一种简单直观的排序算法，它的工作原理类似日常生活中整理扑克的过程。它的基本思想是将一个元素按其关键字的大小插入已经排序的序列中的适当位置，直到全部插入为止。插入排序算法的步骤如下。

（1）从第一个元素开始，该元素可以认为已经被排序。

（2）取出下一个元素，在已经排序的元素序列中从后向前扫描。

（3）如果该元素（已排序）大于新元素，将该元素移到下一位置。

（4）重复步骤（3），直到找到已排序的元素小于或者等于新元素的位置。

（5）将新元素插入该位置。

（6）重复步骤（2）~（5），直到所有元素均排序完毕。

假设原始序列为 [12,11,13,5,6]，采用插入排序算法进行排序的过程如图 7.4 所示，为了直观地看出排序过程，图中使用柱形表示元素数值大小，柱形越高代表对应元素数值越大。

7.3.2　算法实现

按照上述算法步骤，使用 Python 进行实现，参考的实现代码如下。

```python
def insertion_sort(arr):
    # 遍历从 1 到 len(arr)，第 1 个（索引为 0）元素认为已被排序
    for i in range(1, len(arr)):
        # 记录当前需要插入的元素（避免后续后移元素被覆盖）
        key = arr[i]
        # 从已排序序列的最后一个元素开始比较
```

```
        j = i - 1
        # 将大于 key( 待排序元素 ) 的元素后移
        while j >= 0 and key < arr[j]:
            arr[j + 1] = arr[j]    # 后移操作
            j -= 1
        # 找到 key 的插入位置并插入
        arr[j + 1] = key
    return arr  # 返回排序后数组


# 测试代码
test_arr = [12, 11, 13, 5, 6]
print("原始数组 :", test_arr)
sorted_sort = insertion_sort(test_arr)
print("插入排序后的数组 :", sorted_sort)
```

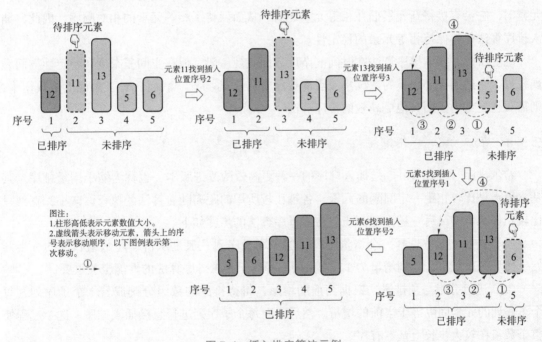

图 7.4　插入排序算法示例

执行结果如下。

原始数组 : [12, 11, 13, 5, 6]
插入排序后的数组 : [5, 6, 11, 12, 13]

7.3.3　算法分析

1. 时间复杂度
插入排序算法的时间复杂度依赖输入数据的初始状态。

（1）最好情况：当输入序列已经是有序的时，每个新元素只需要与它前面的一个元素进行比较，因此比较次数为 $n-1$，移动次数为 0。可见最好情况时间复杂度为 $O(n)$。

（2）最坏情况：当输入序列是逆序的时，每次插入时都需要将已排序部分的所有元素向后移动一位，并且需要与已排序部分的每个元素进行比较。因此，比较次数和移动次数都达到了最大值，即 $n(n-1)/2$。可见最坏情况时间复杂度为 $O(n^2)$。

（3）平均情况：对于随机输入的序列，平均情况时间复杂度也是 $O(n^2)$。

2. 空间复杂度

插入排序是一种原地排序算法，它只需要一个额外的存储空间来存储当前正在插入的元素（或者说，用于临时存储需要移动的元素）。这意味着插入排序算法在排序过程中不需要使用额外的数组或数据结构来存储排序结果，而是直接在原数组中进行操作。因此，插入排序算法的空间复杂度为 $O(1)$，这说明它是一种非常节省空间的排序算法。

3. 稳定性

插入排序是一种稳定的排序算法。对于插入排序算法来说，当遇到与已排序部分相等的元素时，它会直接将新元素插在相等元素之后，从而保持了相等元素的相对顺序。因此，插入排序算法能够保持相等元素的稳定性。

综上所述，插入排序算法在时间复杂度方面表现一般，但在空间复杂度和稳定性方面表现较好。它适用于小规模的数据集或者需要稳定排序的场景。然而，对于大规模的数据集，则需要优先考虑使用其他更高效的排序算法。

7.3.4 算法优化之希尔排序

希尔排序（Shell sort）是插入排序的一种更高效的改进版本，也称为缩小增量排序。其基本思想是比较相距一定间隔的元素，各趟比较所用的距离随着算法的执行而减小，直到只比较相邻元素的最后一趟排序为止。希尔排序算法的步骤如下。

（1）选择增量。选择一个增量序列，这个增量序列一般是从待排序数组长度的一半开始，然后每次减半，直到增量为 1。增量的选择对于希尔排序算法的性能至关重要。

（2）进行分组与预排序。根据当前的增量，将待排序的数组分割成若干个子序列，每个子序列的元素间隔等于当前的增量。然后，对每个子序列进行直接插入排序。这个过程使整个数组在较大步长上基本有序。

（3）逐渐缩小增量。在完成一轮基于当前增量的排序后，减小增量并重复分组与预排序的过程。随着增量的逐渐减小，子序列的长度会逐渐增大，直到增量为 1，此时整个数组被视为一个序列进行排序。

假设现在有原始数组[9, 8, 3, 7, 5, 6, 4, 1]，对这个数组进行希尔排序。选择一个常见的增量序列，例如从数组长度的一半开始，每次减半，直到增量为 1。因此，对于长度为 8 的数组，增量序列可以是 [4, 2, 1]。

第 1 轮排序，选择增量为 4，即按照序号步长为 4，将原始数组按照增量 4 分成 2 个子序列，分别是 [9, 3, 5, 1] 和 [8, 7, 6, 4]。对每个子序列进行插入排序，过程如图 7.5 所示，需要注意的是，这里子序列是可以做到原地排序的，只是在进行插入排序从后向前扫描时，需要考虑按增量递减。

图 7.5　第 1 轮排序示例

第 2 轮排序，选择增量为 2，将数组按照增量 2 分成 4 个子序列，分别是 [3, 9]、[7, 4]、[1, 5]、[8, 6]。对每个子序列进行插入排序，过程如图 7.6 所示。

图 7.6　第 2 轮排序示例

第 3 轮排序，选择增量为 1，即对整个数组进行一次插入排序，过程如图 7.7 所示。相对于插入排序，希尔排序的优化思路是通过允许元素在排序过程中进行大步长的移动，减少了交换和移动的次数，提高了排序的效率。但是，需要注意的是，希尔排序是不稳定的排序算法，即如果输入序列中存在相等元素，那么这些相等元素的相对顺序在排序后可能发生变化。

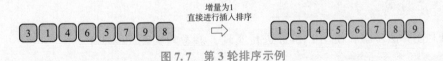

图 7.7　第 3 轮排序示例

7.4　选择排序

7.4.1　算法原理

选择排序是一种简单直观的排序算法。其基本思想是，每次从待排序元素中选择最小（或最大）的元素，将其放到已排序序列的末尾，直到全部元素都排序完毕。具体步骤如下。

（1）从待排序序列中找到最小（或最大）的元素，将其与序列的第一个元素交换位置，使第一个位置上为最小（或最大）的元素。

（2）从剩余的未排序序列中继续寻找最小（或最大）的元素，将其与序列的第二个元素交换位置，使第二个位置上为第二小（或第二大）的元素。

（3）依此类推，重复步骤（1）、（2），直到所有元素都排序完毕。

假设存在原始序列 [64, 25, 12, 22, 11]，采用选择排序算法进行排序的过程如图 7.8 所示。

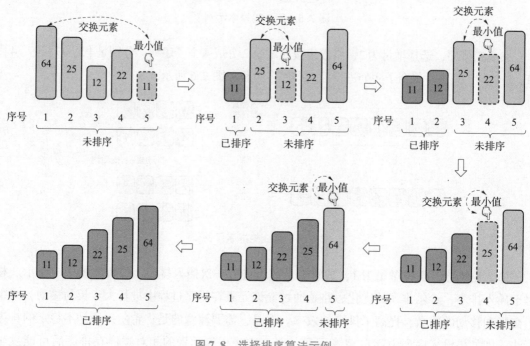

图 7.8　选择排序算法示例

7.4.2 算法实现

按照上述算法步骤，使用 Python 进行实现，参考的实现代码如下。

```python
def selection_sort(arr):
    # 外层循环控制排序的轮数
    for i in range(len(arr)):      # i 指向待排序序列的起始位置
        # min_index 用于记录最小值的索引,初始化当前位置的元素是最小的
        min_index = i
        # 内层循环从当前位置的下一个元素开始,寻找未排序部分的最小值
        for j in range(i + 1, len(arr)):
            # 如果发现更小的元素,则更新最小值的索引
            if arr[j] < arr[min_index]:
                min_index = j
```

```
        # 将找到的最小值交换到当前位置(即待排序序列的起始位置)
        # 可以使用元组解包来轻松实现交换操作
        arr[i], arr[min_index] = arr[min_index], arr[i]
    # 返回排序后的数组
    return arr


# 测试代码
test_arr = [64, 25, 12, 22, 11]
print("原始数组:", test_arr)
sorted_sort = selection_sort(test_arr)
print("选择排序后的数组:", sorted_sort)
```

执行结果如下。

```
原始数组: [64, 25, 12, 22, 11]
选择排序后的数组: [11, 12, 22, 25, 64]
```

7.4.3 算法分析

1. 时间复杂度

选择排序的特点是每次交换前都会先找到待排序序列中最小（或最大）的元素，因此其交换次数相对插入排序较少。然而，无论输入序列的状态如何，在每次循环中，都需要遍历未排序部分的所有元素来找到最小（或最大）的元素，而共有 $n-1$ 次循环，因此其时间复杂度为 $O(n^2)$。其中 n 为待排序序列的长度。

2. 空间复杂度

选择排序是一种原地排序算法，可以基于原始序列进行比较和交换操作，即不需要额外的空间来存储临时数据，因此其空间复杂度为 $O(1)$。

3. 稳定性

选择排序是一种不稳定的排序算法。在排序过程中，如果相同元素的相对位置发生变化，那么它们可能交换位置，导致排序后的序列中相同元素的相对顺序发生变化。

综上，选择排序的特点是每次交换都会找到最小（或最大）的元素，因此其交换次数相对较少，适合数据量较小的情况。但是，其时间复杂度为 $O(n^2)$，不适合处理大规模数据。

7.5 冒泡排序

7.5.1 算法原理

冒泡排序的基本思想是，重复地遍历待排序序列，依次比较相邻的两个元素，如果它们的顺序错误则交换位置，直到序列中所有元素都排序完毕。具体步骤如下。

（1）从待排序序列的第一个元素开始，依次比较相邻的两个元素，如果前面的元素大于（或小于）后面的元素，则交换它们的位置，使较大（或较小）的元素往后移动。

（2）继续重复上述过程，直到比较到待排序序列的倒数第二个元素，此时最大（或最小）的元素会被交换到待排序序列的最后一个位置。

（3）从待排序序列的第一个元素开始，重复步骤（1）、（2），但是每次内循环的范围会减少一个元素，即不再考虑已经排序好的部分。

假设存在原始序列[64，34，25，12，22，11，90]，采用冒泡排序算法进行排序的过程如图 7.9~图 7.14 所示。

如图 7.9 所示，第 1 轮排序需要比较 6 次相邻元素，并根据大小关系进行交换。每次比较时，如果前面的元素大于后面的元素，则交换它们的位置。在第 1 轮排序后，序列的最后一个元素 90 已经是最大的，被正确地放置在了序列的末尾。

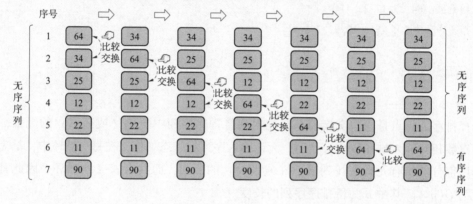

图 7.9　第 1 轮排序示例

如图 7.10 所示，第 2 轮排序需要比较 5 次相邻元素，每次比较时，如果前面的元素大于后面的元素，则交换它们的位置。在第 2 轮排序后，序列的倒数第二个元素 64 已经是次大的，被正确地放置在了序列的倒数第二个位置。

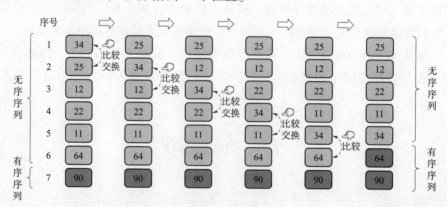

图 7.10　第 2 轮排序示例

如图 7.11 所示，第 3 轮排序需要比较 4 次相邻元素，并根据大小关系进行交换，将第三大的元素 34 移动到序列的倒数第三个位置。

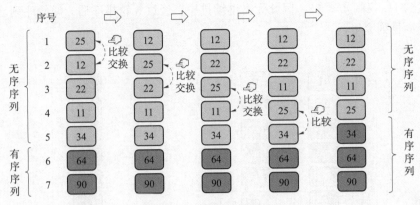

图 7.11　第 3 轮排序示例

如图 7.12 所示，第 4 轮排序需要比较 3 次相邻元素，并根据大小关系进行交换，将第四大的元素 25 移动到序列的倒数第四个位置。

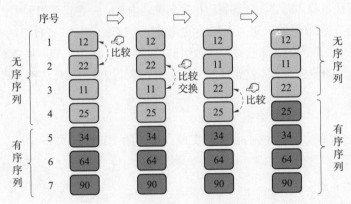

图 7.12　第 4 轮排序示例

如图 7.13 所示，第 5 轮排序需要比较 2 次相邻元素，并根据大小关系进行交换，将第五大的元素 22 移动到序列的倒数第五个位置。

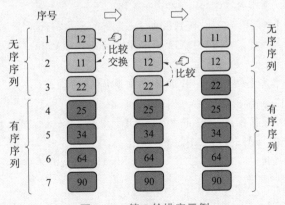

图 7.13　第 5 轮排序示例

如图 7.14 所示，第 6 轮排序需要比较 1 次相邻元素，即比较序列第 1 个和第 2 个元素，因为 11<12，所以不交换位置，元素 12 被正确地放置在了序列的倒数第六个位置。此时无序序列长度为 1，仅剩元素 11，因此无需继续排序。经过 6 轮排序后，原始序列已经按照从小到大的顺序排列完毕。

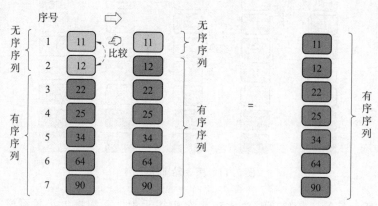

图 7.14   第 6 轮排序示例

要理解上述算法过程，需要先理解冒泡排序名称的由来——在排序过程中，较大的元素会像气泡一样逐渐"浮"到数组的末尾，而较小的元素则会逐渐"沉"到数组的前端。换句话说，在每一轮排序过程中，较大的元素会逐渐向数组的后部移动，就像气泡一样逐渐下沉，而较小的元素则会逐渐向数组的前部移动，就像气泡一样逐渐上浮。因此，该算法称为冒泡排序。

7.5.2   算法实现

按照上述算法步骤，使用 Python 进行实现，参考的实现代码如下。

```python
def bubble_sort(arr):
    # 获取数组长度
    n = len(arr)

    # 外层循环控制排序的轮数
    for i in range(n):
        # 内层循环负责每轮具体的比较和交换操作
        # 注意这里 j 的范围是 0~n-i-1,因为每轮排序后,最大的数会"冒泡"到它最终的位置
        # 所以每轮排序时,最后 i 个数已经是有序的,不需要再参与比较
        for j in range(0, n - i - 1):
            # 如果当前元素大于下一个元素,则交换它们的位置
            if arr[j] > arr[j + 1]:
                # 交换操作,在 Python 中可以使用元组解包来轻松实现交换
                arr[j], arr[j + 1] = arr[j + 1], arr[j]
    # 返回排序后的数组
    return arr
```

```
# 测试代码
test_arr = [64, 34, 25, 12, 22, 11, 90]
print("原始数组：", test_arr)
bubble_sorted_arr = bubble_sort(test_arr)
print("冒泡排序后的数组：", bubble_sorted_arr)
```

执行结果如下。

```
原始数组: [64, 34, 25, 12, 22, 11, 90]
冒泡排序后的数组: [11, 12, 22, 25, 34, 64, 90]
```

7.5.3 算法分析

1. 时间复杂度

冒泡排序的时间复杂度取决于待排序序列的初始状态。

（1）在最坏情况下，即待排序序列已经按照逆序排列的情况下，需要进行 $n-1$ 趟排序，每趟排序需要比较 $n-i$ 次，其中 n 为序列的长度，i 为当前趟数。因此，最坏情况时间复杂度为 $O(n^2)$。

（2）在最好情况下，即待排序序列已经是有序排列的情况下，只需要进行一趟排序，时间复杂度为 $O(n)$。

（3）在平均情况下，冒泡排序的时间复杂度也为 $O(n^2)$。

2. 空间复杂度

冒泡排序是一种原地排序算法，即在排序过程中只需要常数级别的额外空间来存储临时变量，因此其空间复杂度为 $O(1)$。

3. 稳定性

冒泡排序是一种稳定的排序算法。在排序过程中，都是相邻元素进行排序和交换，因此相等元素的相对位置不会发生变化，即相同元素的相对顺序在排序后仍然保持不变。

综上所述，冒泡排序是一种整体思路简单，但效率较低的排序算法，适用于数据量较小或者基本有序的情况。由于其时间复杂度为 $O(n^2)$，较高，所以不适合处理大规模数据。

7.6 快速排序

7.6.1 算法原理

快速排序是一种高效的排序算法，其基本思想是通过分治法（divide and conquer）实现排序。它通过一次排序将待排序的数据分割成独立的两部分，其中一部分的所有数据都比另一部分的所有数据小，然后按这种方法对这两部分数据分别进行快速排序，整个排序过程可以递归进行，以此使整个数据变成有序序列。具体步骤如下。

（1）选择基准元素（pivot）。从待排序序列中选择一个基准元素，通常选择第一个元素、最后一个元素或者中间元素作为基准元素。

（2）分割过程。将序列中的其他元素与基准元素比较，并将小于基准元素的元素移到基准元素的左边，将大于基准元素的元素移到基准元素的右边。可以理解为，每次分割过程后，都确定了基准元素在待排序序列中的位置。假设选择待排序序列的最后一个元素作为基准元素，则其分割过程基本思路如图 7.15 所示。

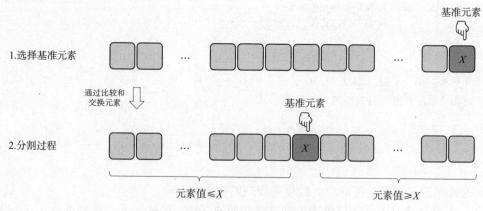

图 7.15　快速排序分割过程基本思路

（3）递归过程。对基准元素左、右两边的子序列分别进行快速排序，即重复步骤（1）、（2）。递归终止条件是子序列的长度为 1 或者 0，即序列已经有序。

（4）合并过程。由于待排序序列在分割过程中不断有序，因此不需要额外的合并操作。

快速排序的关键在于分割过程，通过不断地将元素移动到正确的位置，使基准元素左边的元素都小于基准元素，使基准元素右边的元素都大于基准元素，从而实现排序。在分割过程中，一般采用双指针法，即使用左、右两个指针分别从序列的两端向中间移动，交换不符合条件的元素。

假设待排序序列为 [3, 1, 8, 10, 1, 2, 6]，取最后一个元素 6 为基准元素，则使用双指针法进行分割的过程如图 7.16 所示。其中 left 和 right 分别代表双指针中的左、右指针。

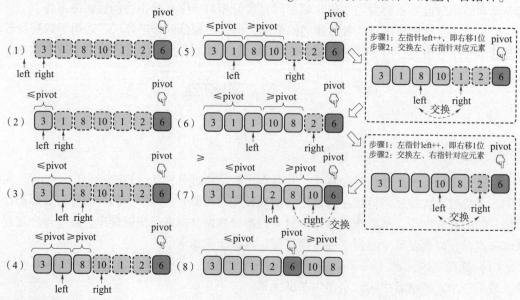

图 7.16　双指针法分割过程示例

　　从图 7.16 可以看出，双指针中的左指针 left 在分割过程中总是指向小于基准元素序列的最后一个元素，右指针 right 的作用则是遍历待排序序列中的所有元素。

7.6.2　算法实现

按照上述算法步骤，使用 Python 进行实现，参考的实现代码如下。

```python
# 分治过程
def quicksort(arr, low, high):
    if low < high:
        # 选择基准元素,这里选择最右侧(即下标为 high)的元素
        pivot_index = partition(arr, low, high)


        # 递归地对基准元素左侧和右侧的子数组进行排序
        quicksort(arr, low, pivot_index - 1)
        quicksort(arr, pivot_index + 1, high)



# 分割过程(判断 pivot 在数组中的下标,分割过程也是排序过程)
def partition(arr, low, high):
    # 选择最右侧的元素作为基准元素
    pivot = arr[high]
    left = low - 1   # 左指针:初始化指向小于最左侧的元素的索引

    for right in range(low, high):
        # right 即右指针
        # 如果当前元素小于或等于基准元素
        if arr[right] <= pivot:
            left += 1
            # 交换 arr[i]和 arr[j]
            arr[left], arr[right] = arr[right], arr[left]

    # 将基准元素放到正确的位置,即 left
    arr[left + 1], arr[high] = arr[high], arr[left + 1]
    # 返回基准元素的位置
return left + 1

# 测试代码
test_arr = [3, 1, 8, 10, 1, 2, 6]
print("原始数组:", test_arr)
quicksort(test_arr, 0, len(test_arr) - 1)
print("快速排序后的数组:", test_arr)
```

上述实现代码中 quicksort(arr, low, high) 是递归函数, arr 表示原始数组, low、high 分别表示快速排序的数组范围下标([low, high])。因此, 初始化调用 quicksort(arr, low, high) 函数时, low 为 0, high 为数组长度-1。执行结果如下。

> 原始数组: [3, 1, 8, 10, 1, 2, 6]
> 快速排序后的数组: [1, 1, 2, 3, 6, 8, 10]

7.6.3 算法分析

1. 时间复杂度

(1) 在最坏情况下, 当每次选择的基准元素都是当前序列中的最大或最小元素时, 时间复杂度为 $O(n^2)$。这种情况发生在序列已经有序或者基准元素的选择不当时。

(2) 在最好情况下, 时间复杂度也是 $O(n\log n)$。这种情况发生在每次选择的基准元素都恰好是序列的中位数时。

(3) 在平均情况下, 快速排序的时间复杂度为 $O(n\log n)$。但在实际应用中, 快速排序通常比其他时间复杂度为 $O(n\log n)$ 的排序算法更快, 因此被广泛应用。然而, 需要注意的是, 在处理大规模数据时, 应尽量避免最坏情况发生, 可以采用随机选择基准元素或者三数取中法等方法来提高算法的性能。

2. 空间复杂度

快速排序是原地排序算法, 不需要额外的辅助空间, 因此空间复杂度为 $O(1)$。

3. 稳定性

快速排序是一种不稳定的排序算法。在分割过程中, 相同值的元素可能交换位置, 导致相对顺序发生变化, 因此快速排序不保证相同值的元素在排序后的相对位置不变。

7.7 归并排序

7.7.1 算法原理

归并排序也是一种典型的基于分治思想的排序算法。它将待排序序列划分为若干个子序列, 每个子序列都是有序的, 然后将有序子序列合并为整体有序序列。归并排序算法的步骤如下。

(1) 分解。将待排序序列分解成两个较小的子序列, 一般的分解策略是平均分割成两半。这个过程是递归进行的, 递归终止条件是子序列的大小为 1。

(2) 递归进行排序并合并。递归地对子序列进行排序, 并将已排序的子序列合并成一个大的有序序列, 直到合并为 1 个完整的序列。

假设待排序序列为[38, 27, 43, 3, 9, 82, 10], 则归并排序过程如图 7.17 所示。

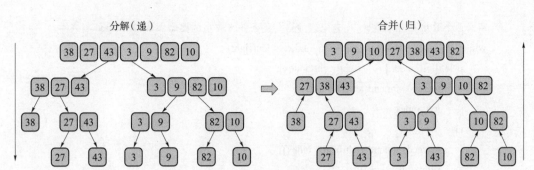

图 7.17 归并排序过程示例

7.7.2 算法实现

按照上述算法步骤，使用 Python 进行实现，参考的实现代码如下。

```python
def merge_sort(arr):
    # 如果数组长度为 1 或 0,则直接返回,因为长度为 1 的数组默认是有序的
    if len(arr) <= 1:

        return arr


    # 将数组分割成两半
    mid = len(arr) // 2
    left_half = arr[:mid]        左半部分
    right_half = arr[mid:]       # 右半部分


    # 递归地对左、右两部分进行归并排序
    left_half = merge_sort(left_half)

    right_half = merge_sort(right_half)


    # 合并两个已排序的数组
    return merge(left_half, right_half)

def merge(left, right):
    # 创建一个空列表来存储合并后的结果
    merged = []


    # 初始化两个数组的索引
    left_index = 0

    right_index = 0
```

```python
    # 当两个数组都有元素时,比较它们的当前元素并将较小的元素添加到 merged 列表中
    while left_index < len(left) and right_index < len(right):
        if left[left_index] <= right[right_index]:
            merged. append(left[left_index])
            left_index += 1
        else:
            merged. append(right[right_index])
            right_index += 1

    # 如果左数组中还有剩余元素,则将它们全部添加到 merged 中
    merged. extend(left[left_index:])

    # 如果右数组中还有剩余元素,则将它们全部添加到 merged 中
    merged. extend(right[right_index:])

    # 返回合并后的数组
    return merged

# 测试代码
test_arr = [38, 27, 43, 3, 9, 82, 10]
print("原始数组:", test_arr)
sorted_arr = merge_sort(test_arr)
print("归并排序后的数组:", sorted_arr)
```

执行结果如下。

```
原始数组：[38, 27, 43, 3, 9, 82, 10]
归并排序后的数组：[3, 9, 10, 27, 38, 43, 82]
```

7.7.3 算法分析

1. 时间复杂度

归并排序时间复杂度的分析与待排序序列的状态无关,可以通过递归树的形式理解。在每一层递归中,需要 $O(n)$ 的时间来合并两个有序子序列。递归树的高度为 $\log n$,因此总共需要进行 $\log n$ 层合并操作。可见,在最好、最坏和平均情况下,归并排序的时间复杂度都为 $O(n\log n)$。

2. 空间复杂度

归并排序需要额外的空间来存储合并过程中的结果。在每一层的合并操作中,都需要临时存储长度为 n 的序列。虽然归并排序是递归地将序列分解成子序列,因此在递归调用过程中会产生多个临时数组,但在每一层递归调用完成后,这些临时数组会被释放,故整体空间

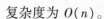

复杂度为 $O(n)$。

3. 稳定性

归并排序是一种稳定的排序算法。在合并过程中，如果两个相同值的元素先出现在左侧的子序列，那么它们在合并后仍然保持这个相对顺序，因此归并排序不会改变相同值元素的相对位置。

归并排序具有稳定、时间复杂度为 $O(n\log n)$、空间复杂度为 $O(n)$ 的特点，适用于各种规模的数据集。由于其具有稳定性和稳定的时间复杂度，归并排序在实际应用中被广泛使用。此外，归并排序也是一种适合并行计算的排序算法，因为分解和合并操作可以独立地在不同的处理器或线程上执行。

归并排序算法和快速排序算法都是基于分治思想的排序算法，但是它们在时间复杂度、空间复杂度、稳定性和实现复杂度上还是有所差异，如表 7.1 所示。因此，在实际应用中，选择哪种排序算法应根据具体的应用场景和性能需求进行权衡。

表 7.1 归并排序和快速排序的比较

特征	归并排序	快速排序
时间复杂度	$O(n\log n)$	平均情况 $O(n\log n)$，最坏情况 $O(n^2)$
空间复杂度	$O(n)$	平均情况 $O(\log n)$，最坏情况 $O(n)$
稳定性	稳定	不稳定
实现复杂度	较简单	较复杂

7.8 桶 排 序

7.8.1 算法原理

桶排序的基本原理是将待排序元素先分配到有限数量的桶中，然后对每个桶中的元素进行排序，最后按照顺序将各个桶中的元素依次取出，即可得到有序序列。具体步骤如下。

（1）确定桶的数量。确定需要多少个桶来容纳待排序元素。桶的数量可以根据待排序序列的特点确定，在通常情况下，桶的数量可以设置为待排序序列的长度。

（2）分配元素到桶中。遍历待排序序列，根据元素的值将每个元素分配到对应的桶中。可以根据元素的大小将其均匀地分布到各个桶中，也可以根据元素的取值范围进行分配。

（3）对每个非空桶中的元素进行排序。可以使用任何一种排序算法对每个非空桶中的元素进行排序，在通常情况下，选择快速排序或归并排序等效率较高的排序算法。

（4）合并桶中的元素。将排序后的各个桶中的元素按照顺序合并，即可得到有序序列。

假设待排序序列为 [64, 34, 25, 12, 22, 30, 84]，采用桶排序算法进行排序，桶的数量为序列中的元素数量为 7，若每个桶平均分配元素，则每个桶可以容纳元素的范围为

$$桶容纳元素的范围 = \frac{序列最大值}{序列元素数量} = \frac{84}{7} = 12$$

桶排序过程示例如图 7.18 所示。

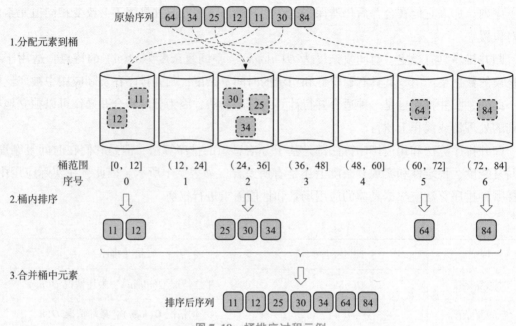

图 7.18 桶排序过程示例

7.8.2 算法实现

按照上述算法步骤，使用 Python 进行实现，参考的实现代码如下。

```
def bucket_sort(arr):
    # 1. 确定桶的边界
    max_val = max(arr)                          # 获取最大值
    bucket_range = max_val / len(arr)           # 获取每个桶的范围,假设桶的数量等于数组长度
    bucket_list = [[] for _ in range(len(arr))] # 初始化桶列表


    # 2. 将元素放入对应的桶
    for num in arr:
        # 计算元素应该放入哪个桶,向下取整
        index = int(num // bucket_range)
        # 处理边界情况,防止越界
        if index == len(arr):
            index -= 1
        bucket_list[index]. append(num)


    # 3. 对每个非空桶进行排序
```

```
        for i in range(len(bucket_list)):
            if bucket_list[i]:# 如果桶非空
                # 使用 Python 内置排序函数(也可以选择快速排序或归并排序等效率较高的算法)
                bucket_list[i]. sort()


    # 4. 合并排序后的桶到原数组中
    return [item for bucket in bucket_list for item in bucket]



# 测试代码
test_arr = [64, 34, 25, 12, 22, 30, 84]
print("原始数组:", test_arr)
sorted_arr = bucket_sort(test_arr)
print("桶排序后的数组:", sorted_arr)
```

上述实现代码中有两点需要注意。

(1) 对每个非空桶进行排序时,这里直接使用 Python 内置的 sort( )排序函数,也可以根据实际情况选择快速排序或归并排序等效率较高的算法。

(2) 使用有序列表表示元素桶,利用列表的追加插入方法可以保证元素的稳定性。

执行结果如下。

```
原始数组: [64, 34, 25, 12, 22, 30, 84]
桶排序后的数组: [12, 22, 25, 30, 34, 64, 84]
```

7.8.3 算法分析

1. 时间复杂度

(1) 在平均情况下,桶排序的时间复杂度为 $O(n+k)$,其中 n 是待排序序列的长度,k 是桶的数量。在遍历待排序序列并将元素分配到桶中的过程中,需要遍历整个序列,因此时间复杂度为 $O(n)$。然后,对每个非空桶中的元素进行排序,排序的时间复杂度取决于使用的排序算法,通常为 $O(n\log n)$,因此桶排序的时间复杂度为 $O(n+k)$。

(2) 在最坏情况下,如果所有元素被分配到一个桶中,那么桶排序的时间复杂度将退化为 $O(n^2)$,因为对一个桶中的元素进行排序可能需要 $O(n^2)$ 的时间复杂度。

2. 空间复杂度

桶排序的空间复杂度主要取决于桶的数量和每个桶的大小。如果桶的数量和待排序序列的长度相等,且每个桶中的元素数量均匀分布,则桶排序的空间复杂度为 $O(n+k)$。其中 n 是待排序序列的长度,k 是桶的数量。如果桶的数量较小或者分配不均匀,则可能导致某些桶中元素过多,从而占用较多的额外空间。

3. 稳定性

桶排序是一种稳定的排序算法。在分配元素到桶中的过程中,如果有相同值的元素,则它们会被分配到同一个桶中,而桶内的元素顺序不会改变。在合并桶中的元素时,如果多个桶中的元素具有相同的值，则它们会按照桶的顺序依次被取出，因此相同值的元素在排序后仍然保持位置的相对稳定。

总的来说，桶排序的效率受限于桶的数量和分配元素到桶中的方法。如果桶的数量过少或者分配不均匀，则可能导致某些桶中元素过多，影响排序的效率。因此，在实际应用中，使用桶排序的前提是待排序数据均匀分布，而且需要根据具体情况确定合适的桶数量和分配方法，以保证桶排序算法的效率。

7.9 计数排序

7.9.1 算法原理

计数排序是一种非基于比较的排序算法，其基本原理是通过统计待排序序列中每个元素出现的次数，然后根据元素的取值范围，计算每个元素在有序序列中的位置，最终将元素放置到正确的位置上，得到有序序列。计数排序算法的步骤如下。

（1）统计元素出现的次数。遍历待排序序列，统计每个元素出现的次数，并存储在一个额外的辅助数组中，称为计数数组。计数数组的大小通常为待排序序列中元素的取值范围（即最大值~最小值+1），确保能够容纳所有可能元素值。

（2）计算每个元素在有序序列中的位置。对计数数组进行遍历，累加每个元素的出现次数，得到每个元素在有序序列中的最后一个位置。这一步的目的是确保相同元素在有序序列中的相对位置与在待排序序列中的相对位置一致。

（3）根据位置将元素放置到有序序列中。逆序遍历待排序序列，根据元素的值和计数数组中的统计信息，将每个元素反向填充放置到有序序列中的正确位置上。放置完成后，将计数数组中对应元素的计数减1，以处理相同元素的情况。

（4）输出有序序列。通过上述步骤得到的有序序列即待排序序列的排列顺序。

假设待排序列为[4，2，2，6，3，3，1]，按照上述计数排序算法的步骤进行排序。

步骤1为统计元素出现次数，如图7.19所示。

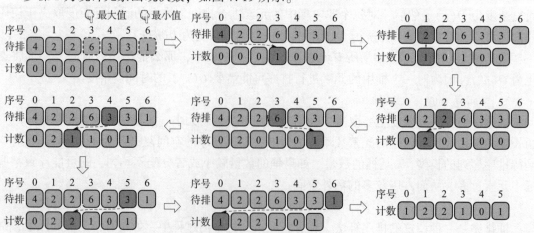

图 7.19　统计元素出现次数过程示例

步骤 2 为基于步骤 1 得到的计数数组，累加计算每个元素在有序序列中的位置，如图 7.20 所示。

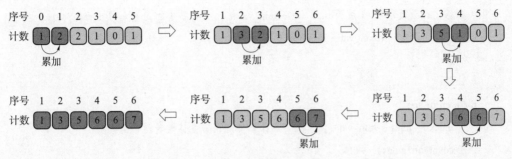

图 7.20 计数数组累加过程示例

步骤 3 为逆序遍历待排序序列，结合计数数组中的统计信息，将每个元素反向填充到最终的有序序列中，如图 7.21 所示。这里需要注意的是，为了保证排序后元素的稳定性，采用逆序遍历待排序序列的方法，如果没有稳定性的要求，甚至可以简化为直接遍历计数数组，直接输出最终排序序列。

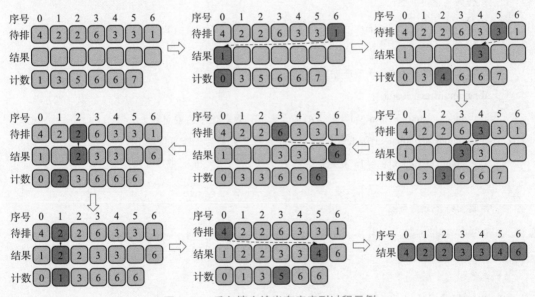

图 7.21 反向填充输出有序序列过程示例

7.9.2 算法实现

按照上述算法步骤，使用 Python 进行实现，参考的实现代码如下。

```python
def counting_sort(arr):
    # 找到数组中的最大值和最小值
    max_val = max(arr)
```

```python
    min_val = min(arr)

    # 初始化计数数组 C,长度为 max_val - min_val + 1,并将其中的元素全部初始化为 0
    count_arr = [0] *  (max_val - min_val + 1)

    # 计数
    for num in arr:
        index = num - min_val         # 计算当前元素在计数数组中的索引
        count_arr[index] += 1

    # 累加计数
    for i in range(1, len(count_arr)):
        count_arr[i] += count_arr[i - 1]

    # 初始化输出数组
    output_arr = [0] *  len(arr)

    # 反向填充输出数组(逆序遍历)
    for num in reversed(arr):
        index = num - min_val # 计算当前元素在计数数组中的索引
        output_arr[count_arr[index] - 1] = num # 将元素放到正确的位置上
        count_arr[index] -= 1# 更新计数

    # 返回排序后的数组
    return output_arr

# 测试代码
test_arr = [4, 2, 2, 6, 3, 3, 1]
print("原始数组:", test_arr)
sorted_arr = counting_sort(test_arr)
print("计数排序后的数组:", sorted_arr)
```

执行结果如下。

```
原始数组: [4, 2, 2, 6, 3, 3, 1]
计数排序后的数组: [1, 2, 2, 3, 3, 4, 6]
```

7.9.3 算法分析

1. 时间复杂度

计数排序的时间复杂度取决于两个主要因素：待排序序列的长度 n 和元素的取值范围 k。统计元素出现次数的过程需要遍历整个待排序序列一次，时间复杂度为 $O(n)$。计算每个元素在有序序列中的位置的过程需要遍历计数数组，时间复杂度为 $O(k)$。将元素放置到有序序列中的过程需要遍历整个待排序序列一次，时间复杂度为 $O(n)$。因此，计数排序的总时间复杂度为 $O(n+k)$。

2. 空间复杂度

计数排序的空间复杂度主要取决于计数数组的大小。计数数组的长度等于待排序序列中元素的最大值加1，因此，计数排序的空间复杂度为 $O(k)$。需要注意的是，计数排序适用于待排序元素的取值范围较小且已知的情况。待排序元素的取值范围过大会导致计数数组的空间消耗过大，这时不适合使用计数排序算法。

3. 稳定性

计数排序是一种稳定的排序算法。在统计元素出现次数、计算元素位置和将元素放入有序序列的过程中，都是按照元素在待排序序列中的相对顺序进行操作，不会改变相同值的元素的相对位置。因此，相同值的元素在排序后仍然保持相对位置的稳定性。

7.10 基数排序

7.10.1 算法原理

基数排序是一种非基于比较的排序算法，其基本原理是将待排序元素按照各个位数进行分组，然后依次对每个位数进行排序，直到所有位数排序完成，最终得到有序序列。基数排序算法的步骤如下。

（1）确定排序的位数。确定待排序元素中最大值的位数，以确定需要进行多少轮排序。例如，如果待排序元素的最大值是 3 位数，那么需要进行 3 轮排序。

（2）按照位数分组。将待排序元素按照当前排序轮数的位数进行分组，即按照个位、十位、百位等进行分组。

（3）对每个位数进行排序。对每个位数进行排序，可以使用任何一种稳定的排序算法，例如计数排序算法或桶排序算法等。从最低位开始，依次对每个位数进行排序，确保排序的稳定性，直到对所有位数都进行了排序。每进行一轮排序，元素的相对顺序都会得到进一步确定，最终得到完全有序的序列。

假设待排序序列为 $[170, 45, 75, 90, 802, 24, 2, 66]$，按照上述基数排序算法的步骤进行排序，其过程如图 7.22 所示。

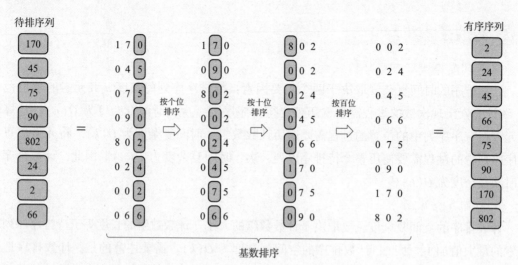

图 7.22　基数排序过程示例

7.10.2 算法实现

按照上述算法步骤，使用 Python 进行实现，参考的实现代码如下。

```python
def counting_sort_for_radix(arr, exp):
    """
        基数排序中的辅助函数,用于按照指定的指数 exp 对数组进行排序
        这里使用的是稳定的计数排序算法
    :param arr: 待排序数组
    :param exp: 当前考虑的指数(即当前正在排序的位数)
    :return 无返回值,但会对输入的数组 arr 进行原地排序
    """
    n = len(arr)
    # 初始化输出数组,大小和输入数组一致
    output = [0] * n
    # 初始化计数数组,用于存储每个数字出现的次数,大小为 10 是因为这里处理的是十进制数
    count = [0] * 10

    # 第一步:统计每个桶中的元素个数
    for i in range(n):
        # 获取当前元素在 exp 指数位上的数字
        index = arr[i] // exp
        # 对该数字出现的次数进行计数
        count[index % 10] += 1
```

```python
        # 第二步:累加计数数组,即更改 count[i],使现在它包含的是实际位置
        # 这一步是为了确保稳定排序,即相同位数的元素在排序后保持原有顺序
        for i in range(1, 10):
            # 累加前面的计数,得到当前桶的起始位置
            count[i] += count[i - 1]


        # 第三步:反向遍历构建输出数组
        # 从后往前遍历是为了确保稳定排序
        i = n - 1
        while i >= 0:
            # 获取当前元素在 exp 指数位上的数字
            index = arr[i] // exp
            # 将当前元素放到输出数组的正确位置上
            output[count[index % 10] - 1] = arr[i]
            # 更新桶的计数,表示已经放入了一个元素
            count[index % 10] -= 1
            # 继续处理下一个元素
            i -= 1
        # 第四步:将排序好的元素复制回原数组
        for i in range(n):
            arr[i] = output[i]
        # 打印每次排序的中间结果
        print("exp:", exp, "result:", arr)


def radix_sort(arr):
    # 获取数组中的最大数,用于确定排序的轮数
    max_val = max(arr)

    # exp 初始化为 1,因为要从最低位开始排序
    exp = 1
    while max_val // exp > 0:
        # 对每一位执行计数排序
        counting_sort_for_radix(arr, exp)
        # 增大指数
        exp *= 10


# 测试代码
```

```
test_arr = [170, 45, 75, 90, 802, 24, 2, 66]
print("原始数组:", test_arr)
radix_sort(test_arr)
print("基数排序后的数组:", test_arr)
```

执行结果如下。

```
原始数组: [170, 45, 75, 90, 802, 24, 2, 66]
exp: 1 result: [170, 90, 802, 2, 24, 45, 75, 66]
exp: 10 result: [802, 2, 24, 45, 66, 170, 75, 90]
exp: 100 result: [2, 24, 45, 66, 75, 90, 170, 802]
基数排序后的数组: [2, 24, 45, 66, 75, 90, 170, 802]
```

7.10.3 算法分析

1. 时间复杂度

基数排序的时间复杂度取决于待排序元素的位数和采用排序算法的稳定性。假设待排序元素的最大位数为 d，基数排序需要进行 d 轮排序。在每一轮排序中，需要将所有元素分配到对应的桶中，然后按照桶的顺序重新排列元素。这一过程需要遍历所有元素，时间复杂度为 $O(n)$。因此，基数排序的时间复杂度为 $O(d \times (n+k))$，其中 n 是待排序序列的长度，k 是每个桶中元素的最大数量。由于基数排序通常使用稳定的排序算法对每个位数进行排序（如计数排序算法），所以排序算法的时间复杂度通常为 $O(n+k)$，其中 n 是待排序序列的长度，k 是元素的取值范围。

2. 空间复杂度

基数排序的空间复杂度取决于桶的数量和每个桶的大小。桶的数量等于基数（通常是 10，表示十进制），因此空间复杂度为 $O(10) = O(1)$。每个桶中的元素数量取决于待排序序列的长度和每个元素的位数，通常是 $O(n)$。因此，基数排序的空间复杂度为 $O(n)$。

3. 稳定性

基数排序是一种稳定的排序算法。在每一轮排序中，根据位数分配元素到对应的桶中时，相同位数的元素会被放置到同一个桶中，并且桶的顺序是固定的。因此，相同位数的元素在排序后仍然保持相对位置的稳定性。

需要注意的是，基数排序适用于待排序元素的位数相同且取值范围较小的情况。待排序元素的位数差异较大或者取值范围过大，可能导致排序效率降低。

7.11 小结与习题

7.11.1 小结

本章介绍了常见的排序算法及其实现，其中基于比较的排序算法如下。

（1）冒泡排序：通过比较相邻的元素并交换它们（如果需要）来排序。

（2）选择排序：通过比较找出最小（或最大）的元素，并将其与序列的起始位置交换。

（3）插入排序：通过构建有序序列，对于未排序元素，在已排序序列中从后向前扫描，通过比较和可能的交换操作来插入新的元素。

（4）归并排序：虽然归并排序使用了分治策略，但其合并过程仍然基于比较和可能的交换。

（5）快速排序：通过选择一个基准元素，将待排序序列分为两部分，其中一部分的元素都比基准元素小，另一部分的元素都比基准元素大，这个过程是通过比较和交换实现的。

非基于比较的排序算法如下。

（1）计数排序：计数排序不是基于比较的排序算法，它利用了一个额外的数组来记录每个元素出现的次数，然后按照这个数组来排序。

（2）桶排序：桶排序是计数排序的升级版，它将待排序元素分到有限数量的桶中，每个桶再分别排序（有可能再使用其他排序算法或以递归方式继续使用桶排序进行排序）。

（3）基数排序：基数排序是先按照低位排序，然后收集；接着按照高位排序，再收集；依此类推，直到最高位。这种排序方式并不涉及元素间的直接比较和交换。

需要注意的是，虽然这些排序算法在分类上有所区别，但在实际应用中需要考虑排序算法的时间复杂度、空间复杂度、排序方式和稳定性等因素来选择最合适的排序算法。具体的总结如表 7.2 所示。

表 7.2　排序算法总结

排序算法	平均情况时间复杂度	最好情况时间复杂度	最坏情况时间复杂度	空间复杂度	是否原地排序	稳定性
冒泡排序	$O(n^2)$	$O(n)$	$O(n^2)$	$O(1)$	是	稳定
选择排序	$O(n^2)$	$O(n)$	$O(n^2)$	$O(1)$	是	不稳定
插入排序	$O(n^2)$	$O(n)$	$O(n^2)$	$O(1)$	是	稳定
希尔排序	$O(n\log n)$	$O(n\log^2 n)$	$O(n\log^2 n)$	$O(1)$	是	不稳定
归并排序	$O(n\log n)$	$O(n\log n)$	$O(n\log n)$	$O(n)$	否	稳定
快速排序	$O(n\log n)$	$O(n\log n)$	$O(n^2)$	$O(\log n)$	是	不稳定
计数排序	$O(n+k)$	$O(n+k)$	$O(n+k)$	$O(k)$	否	稳定
桶排序	$O(n+k)$	$O(n+k)$	$O(n^2)$	$O(n+k)$	否	稳定
基数排序	$O(n×k)$	$O(n×k)$	$O(n×k)$	$O(n+k)$	否	稳定

7.11.2　习题

一、选择题

1. 希尔排序是（　　）的优化。

A. 冒泡排序　　　　B. 插入排序　　　　C. 快速排序　　　　D. 归并排序

2. 选择排序的时间复杂度是（　　）。

A. $O(n)$　　　　B. $O(n\log n)$　　　　C. $O(n^2)$　　　　D. $O(n^3)$

3. 快速排序的空间复杂度是（　　）。

A. $O(n)$　　　　B. $O(\log n)$　　　　C. $O(n\log n)$　　　　D. $O(1)$

4. 桶排序的时间复杂度是（　　）。

A. $O(n)$　　　　B. $O(n\log n)$　　　　C. $O(n^2)$　　　　D. $O(k)$

5. 计数排序适用于（　　）的待排序序列。

A. 元素取值范围较小　　　　　　B. 元素取值范围较大

C. 元素数量较小　　　　　　　　D. 元素数量较大

6. 希尔排序是通过一系列的间隔值来分割待排序序列的，这些间隔值通常是（　　）。

A. 2 的幂　　　B. 质数　　　C. 斐波那契数列　　D. 等差数列

二、判断题

1. 桶排序的时间复杂度是 $O(n\log n)$。　　　　　　　　　　　　　（　　）
2. 计数排序是一种稳定的排序算法。　　　　　　　　　　　　　　（　　）
3. 基数排序的时间复杂度取决于待排序序列的长度和每个元素的位数。（　　）
4. 快速排序是一种稳定的排序算法。　　　　　　　　　　　　　　（　　）
5. 归并排序的空间复杂度是 $O(n)$。　　　　　　　　　　　　　　（　　）

三、填空题

1. 假设待排序序列为 $[5,3,8,4,2]$，使用冒泡排序将其变为升序序列。经过第 1 轮冒泡排序后，序列变为＿＿＿＿＿＿＿＿＿。经过第 2 轮冒泡排序后，序列变为＿＿＿＿＿＿＿＿＿。最终一共要经过＿＿＿＿＿＿＿＿＿轮冒泡排序，序列变为有序。

2. 基数排序适用于待排序元素的位数＿＿＿＿＿且取值范围＿＿＿＿＿的情况。

7.12 实训任务

实训任务：学生成绩排名

【任务描述】

你是一名教务处的工作人员，负责管理学生成绩数据。现在你需要编写一个程序，对学生成绩进行排序，并输出排序结果，以便及时了解学生的表现。具体要求如下。

（1）从文件中读取学生成绩数据，包括学生姓名和对应的成绩。文件内容格式如下。

```
张三,100.00
李四,90.5
王五,95.32
...
```

196

（2）实现至少两种不同的排序算法，并比较它们的性能。

（3）输出前五名的学生姓名和对应成绩，并输出排序所花费的时间。排序所花费的时间可以通过使用 time 模块的 time( )方法获取时间戳相减得到。示例代码如下。

```
import time
start_time = time. time()
# 具体排序操作
end_time = time. time()
#计算花费时间
cost_time = end_time - start_time
```

7.13 课外拓展

拓展任务：希尔排序的实现与分析

【任务描述】

步骤 1：代码实现。

希尔排序是插入排序的一种改进版本，它通过比较具有一定间隔的元素进行交换，从而实现局部排序，最终将间隔逐步减小至 1，完成排序过程。请根据 7.3.4 节的分析，编写Python 代码实现希尔排序算法。

步骤 2：测试。

编写测试代码，用于验证希尔排序算法的正确性。可以使用一些具有挑战性的测试案例来检验算法的健壮性，例如数据规模大的序列、逆向序列等。

步骤 3：统计交换次数、与插入排序算法对比。

在排序过程中，统计希尔排序算法的交换次数，并与普通插入排序算法进行对比。可以使用分析代码的方式，或者使用以代码执行相同序列的方式进行统计。

步骤 4：分析并得出结论。

根据上述任务实现过程，从时间复杂度、空间复杂度、稳定性、是否原地排序等方面进行算法分析，并与插入排序算法进行对比。